合肥工业大学图书出版专项基金资助项目

化工过程模拟

主　编　杨庆春　张大伟

副主编　李智伟　周怀荣

合肥工业大学出版社

图书在版编目(CIP)数据

化工过程模拟/杨庆春,张大伟主编 . —合肥:合肥工业大学出版社,2022.7
ISBN 978 - 7 - 5650 - 5687 - 1

Ⅰ.①化… Ⅱ.①杨…②张… Ⅲ.①化工过程—过程模拟—教材
Ⅳ.①TQ018

中国版本图书馆 CIP 数据核字(2022)第 110204 号

化工过程模拟

杨庆春 张大伟 主编		责任编辑 赵 娜 汪 钵	
出 版	合肥工业大学出版社	版 次	2022 年 7 月第 1 版
地 址	合肥市屯溪路 193 号	印 次	2022 年 7 月第 1 次印刷
邮 编	230009	开 本	710 毫米×1010 毫米 1/16
电 话	理工图书出版中心:0551 - 62903004	印 张	16.75
	营销与储运管理中心:0551 - 62903198	字 数	319 千字
网 址	www.hfutpress.com.cn	印 刷	安徽昶颉包装印务有限责任公司
E-mail	hfutpress@163.com	发 行	全国新华书店

ISBN 978 - 7 - 5650 - 5687 - 1 定价: 48.00 元

如果有影响阅读的印装质量问题,请与出版社营销与储运管理中心联系调换。

前　　言

　　教育部最新的《工程教育专业认证标准》着重强调了"培养学生能够针对复杂工程问题，开发、选择与使用恰当的技术、资源、现代工程工具和信息技术工具，包括对复杂工程问题的预测与模拟"。《化工过程模拟》是培养学生综合运用化工单元操作、热力学、传递、分离、反应工程等化工基础知识以及计算机技术，对化工过程系统进行分析、设计、优化、合成、仿真等，进而解决复杂化工系统问题的能力的核心课程之一。本书是化工过程模拟课程的配套教材。

　　本书以化工过程模拟为主线，以数学和计算机技术为手段，将理论知识与计算、模拟实例相结合，深化学生对理论知识的认识，同时培养学生灵活运用化学工程和系统工程等相关知识解决化工问题的能力，使学生能够学以致用。全书共计12章。第1~3章主要介绍化工过程模拟的基本知识、主要功能、物性计算方法选择以及常见过程单元的自由度分析和模型建立与求解的基本方法。第4~9章主要介绍简单模块、流体输送、传热、分离等化工单元操作以及化学反应过程的稳态模拟，并采用灵敏度分析、设计规定等工具对化工单元过程进行分析和优化。第10~12章通过一些全流程模拟案例，重点介绍化工过程全流程模拟、分析与优化的方法。

　　本书第1章、第4章、第5章、第6章、第7章、第9章、第11章和第12章由杨庆春和张大伟编写，第2章、第3章和第10章由李智伟编写，第8章由周怀荣编写。本书编写过程中，得到了韩效钊教授、孙敏教授等的大力支持，在此深表谢意。

　　由于编者水平有限，书中难免有不妥和疏漏之处，恳请读者给予批评指正。如果有读者在阅读本书过程中发现问题，特别希望读者能把问题反映到邮箱ceqcyang@hfut.edu.cn，以便于后续修正。

编　者

2021 年 12 月 31 日

目　录

第1章 绪 论

1.1 概 述

化工过程模拟是过程系统工程(Process System Engineering,PSE)学科的基础内容,也是实现工艺设计、系统分析与优化的重要工程工具。它根据化工过程的数据,采用适当的模拟软件,将由多个单元操作组成的化工流程用数学模型描述,模拟实际的生产过程,得出所计算的整个流程或单元过程详细的物料平衡和能量平衡数据,并在计算机上通过改变各种有效条件得到所需要的结果。其中包括人们最为关心的原材料消耗、公用工程消耗,产品、副产品的产量、组成和质量,全部物料的相关性质以及设备尺寸、结构等重要参数。因此,化工过程模拟的实质是使用计算机程序定量计算一个化学过程中的特性方程,在计算机上准确地"再现"实际生产过程。

由于这一"再现"过程主要是借助计算机软件对流程结构、原料条件、设备条件、公用工程条件等参数进行设置,从而计算并得到与实际工况相符的结果,并不涉及实际装置的任何管线、设备以及能源的变动,所以化工模拟人员具有足够的自由发挥空间,能够在计算机上"为所欲为"地进行不同方案和工艺条件的计算、分析与优化。由此可见,与实验研究相比,化工过程模拟技术不仅可以大大节省研究开发的时间,也能有效降低研发成本和操作费用,使其成为研究、开发、设计、挖潜改造、节能增效、生产指导乃至企业管理等工作必不可少的工具,并且在科研和实际生产中发挥着越来越大的作用。

1.2 化工过程模拟系统构成与基本方法

化工过程模拟系统主要由输入系统、数据检查系统、调度系统和数据库构成(见图1-1)。

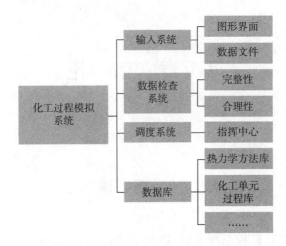

图 1-1　化工过程模拟系统构成

（1）输入系统：既可以采用图形界面，也可采用数据文件的方式输入，并且这两种方式之间可以相互转换。图形输入简单直观、方便，无须记忆输入格式和关键字，现已成为主要的输入方式。

（2）数据检查系统：数据输入完成后，由数据检查系统进行流程拓扑分析和数据检查，这个阶段的检查只分析数据的合理性、完整性，而不涉及正确性。若发现错误或是数据输入不完整，则返回输入系统，提示用户进行修改。

（3）调度系统：数据检查完成后进入调度系统，调度系统是程序中所有模块调用以及程序运行的指挥中心。调度系统的考虑是否完善，编制是否灵活、是否能为用户提供最大的方便，对模拟软件的性能至关重要。

（4）数据库：任何一个通用的化工过程模拟系统都需要物性数据库、热力学方法库、化工单元过程库、功能模块库、收敛方法库、经济评价库等。其中最重要的是化工单元过程库和热力学方法库，化工单元过程库关系着能否进行计算，热力学方法库关系着计算结果的准确性。

1.3　化工过程模拟的主要功能

化工过程模拟的主要功能包括新装置设计、旧装置改造、新工艺开发、科学研究、生产调优与故障诊断和工业生产的科学管理等。

（1）新装置设计：物料衡算与能量衡算是化工装置设计的基础。化工过程模拟采用适当的模拟软件计算，得到整个流程或单元过程详细的物料平衡和能量平衡数据,这些数据可以直接或间接运用于工业装置的设计,而无须小试或中试。例如,对大型的乙烯生产、常减压、催化裂化、气体分馏等装置进行设计时,过程模拟可以得到十分准确的设计结果,甚至可以以模拟结果为标准检验现场的生产操作和仪表是否存在问题。

(2)旧装置改造:在改造过程中,由于产品分布、处理量、设备参数等发生了变化,需要设计人员重新分析现有的换热器、反应器、塔、泵和管线等旧设备是否仍旧适应或者必须更换。由此可见,旧装置的改造既涉及已有设备的利用,也可能需要增添新设备,其计算往往比新设计还要复杂。这些问题往往不是试验研究所能解决的,而是必须在对装置模型有了深入研究的基础上,借助化工过程模拟这一工具才能合理解决。近年来,随着科学技术的进步,化工过程模拟已成为旧装置改造必不可少的工具。

(3)新工艺开发:化工过程模拟将复杂的化工系统划分为若干个过程单元,通过分别建模与模拟,可以实现单元的替换或不同单元模块的组合,产生不同的生产工艺,进而得到最优的新工艺。然而,20 世纪 70 年代以前,炼油、化工行业新流程的开发研究需要依靠各种不同规模的小试、中试,需要消耗大量的资金、人力,且开发周期长,还有可能导致开发的新工艺不具市场竞争力。随着过程模拟技术的不断发展,工艺开发已经逐渐转变为完全或部分利用模拟技术,仅在某些必要环节进行个别的试验研究和验证。

(4)科学研究:随着计算机软、硬件的飞速发展和科学技术的进步,过程模拟在科研工作中也发挥着越来越重要的作用,并在很大程度上取代了实验室实验。通过化工过程模拟软件得到设备、单元、系统等不同尺度的模拟结果,利用化工过程模拟功能库中的一些工具,完成一个系统技术、经济、环境、安全等不同角度的分析与优化。例如,Aspen Energy Analyzer 可以完成能耗分析、有效能分析、换热网络的分析与优化和对所模拟流程进行脱瓶颈分析;Aspen Economic Analyzer 可以对模拟流程的投资、生产成本等经济参数进行估算。

(5)生产调优与故障诊断:在生产装置调优以及故障诊断的问题上,过程模拟起着不可替代的作用,通过流程模拟可以寻求最佳工艺条件,从而达到节能、降耗和增效的目的。通过全系统的总体调优,以经济效益为目标函数,可求得最佳匹配的关键工艺参数,革新了传统观念。

(6)工业生产的科学管理:国内化工生产企业的生产管理,基本上停留在经验型的基础上,即在制订生产计划和消耗指标时的主要依据是以往的生产统计数据。通过过程模拟,可以比较准确地计算出化工生产装置的产品产量和公用工程消耗量。这样就为装置的生产管理提供了较为准确可靠的理论依据。因而化工过程模拟是企业生产管理从经验型走向科学型的有力工具。

1.4　化工过程模拟的分类

化工过程模拟可分为稳态模拟(steady state simulation)和动态模拟(dynamic simulation)。

化工过程稳态模拟假定模拟结果与时间无关,即认为被模拟过程的所有参数,包括所有物料的压力、温度、流量及组成等参数均不随时间而改变。这也是绝大多数化工生产过程的实际情况,实际生产过程总是在相对长的一段时期内,生产和工艺指标维持相对稳定,直至原料、公用工程或设备状况发生较大的变化,此时会对相关参数进行一定的调整,然后再达到一个新的稳态。

化工过程动态模拟主要研究某个或多个过程参数发生变化时,其他参数如何随时间而发生变化。对于任何一个参数的变动,计算结果都是系统中所有工艺参数及相应的性质随时间变化的关系曲线。它主要应用于过程动态特性的分析、控制方案的制订、开停车方案的优化以及操作工培训软件的开发等方面。

由以上所述可知,稳态模拟是以所有工艺参数不随时间变化为前提,重点解决物料平衡、能量平衡和相平衡的问题。动态模拟引入了时间变量,即系统内部的性质随时间而变,除了解决稳态模型涉及的上述三大平衡,还要解决压力、温度、液位、各相浓度随时间的变化。它将稳态系统、控制理论、动态化工及热力学模型、动态数据处理有机结合起来,通过求解巨型常微分方程组进行动态模拟,从而得到所需要的动态特征。稳态与动态模拟的主要区别见表 1-1 所列。

表 1-1　稳态与动态模拟的主要区别

稳态模拟	动态模拟
仅有代数方程	同时有微分方程和代数方程
物料平衡用代数方程描述	物料平衡用微分方程描述
能量平衡用代数方程描述	能量平衡用微分方程描述
无水力学限制	有水力学限制
无控制器	有控制器

随着计算机和模拟技术的发展,动态模拟的应用也越来越多,但因其受应用领域的限制以及输入量巨大、计算复杂等因素的影响,目前使用还远比不上稳态模拟广泛,故通常所说的化工过程模拟或流程模拟多指稳态模拟,这也是本书所讨论的主要内容。

1.5 化工过程稳态模拟的基本方法

从数学的角度来看,化工过程系统稳态模拟的实质是对非线性方程组的求解,此方程组由单元模块方程、流程联结方程和规定方程构成。过程模拟系统方法的不同之处在于求解非线性方程组的方法不同。其共有三种方法:序贯模块法、联立方程法和联立模块法。

序贯模块法是把每个过程单元的数学模型编成求解程序,然后按在过程系统中模块的连接顺序,从前向后依次进行模拟计算,遇到循环物质流或能量流则进行迭代收敛。这是采用最多的一种模拟方法。

联立方程法的基本思想是将单元模块方程、流程联结方程和规定方程收集在一起组成大型非线性代数方程组联立求解,从而得出模拟计算结果。

将序贯模块法和联立方程法二者的优点结合起来即产生了联立模块法。联立模块法的基本思想是用近似的线性模型代替各个单元过程的严格模型,使系统模型成为一个线性方程组,可采用较简单的方法求解,并经多次迭代,使线性模型和严格模型在一定的已知条件下接近,或假设物流值和计算值接近。

三种方法的优缺点及代表软件系统见表 1-2 所列。

表 1-2 三种方法的优缺点及代表软件系统

方法	优点	缺点	代表性软件
序贯模块法	所需计算机内存较小;易于实现通用化;十分便于应用;继承大量已有成果;便于调试	计算工作量大,加剧迭代计算困难程度,不能实现较高的计算效率	ASPEN PRO Ⅱ Concept CAPES
联立方程法	模拟型、设计型、优化型问题无区别;计算效率高;增加模块比较容易;易于实现稳态模拟与动态模拟结合	稳定性差;存贮量需求大;难以进行错误诊断;实现较困难;初值估计困难等	Speed Up Ascend-Ⅱ
联立模块法	避免序贯模块法效率低的缺点以及联立方程法不易给出初值、计算时间较长等缺点	计算 Jacobian 矩阵流程费时,各种单元设备的简化模型尚需完善	Flow Pack Ⅱ TISFLO

1.6 Aspen Plus 的简介

Aspen Plus 起源于 20 世纪 70 年代美国能源部资助、MIT 主持的项目——Advanced System for Process Engineering(ASPEN),于 1982 年被商品化,成立

AspenTech 公司,并称之为 Aspen Plus。它是一款功能强大的集化工设计、稳态模拟和动态模拟等计算于一体的大型通用流程模拟软件。40 年来,该软件不断地改进、扩充和提高,已先后推出了十多个版本,成为举世公认的标准大型流程模拟软件。

1.6.1　Aspen Plus 的主要特点

Aspen Plus 本身是一个功能强大的流程模拟软件,同时,由于与其连接的软件较多,实际上也是一个平台(见表 1 - 3)。因此,与其他化工过程模拟软件相比,Aspen Plus 具有以下特点。

表 1 - 3　Aspen Plus 平台架构

Aspen Plus 平台			
Aspen Plus (Aspen Plus 许可 License, 包含的内容)	插入 Aspen Plus 内,必须依赖于 Aspen Plus 才能运行的软件,需要 Aspen Plus License	能在 Aspen Plus 内运行, 也能脱离 Aspen Plus 单独运行的软件,如果在 Aspen Plus 内运行,则需要 Aspen Plus License 再加另外的 License	和 Aspen Plus 紧密结合的软件
• Aspen Properties 物性 • 混合器、分配器 • 分离器 • 换热器 • 塔 • 反应器 • 变压设备 • 操纵器 • 固体 • 固体分离器 • 用户模型	• Aspen Distillation Synthesis 精馏合成 • Aspen Plus® CatCracker 催化裂化 • Aspen Plus® Hydrocracker 加氢裂化 • Aspen Plus® Hydrotreater 加氢精制 • Aspen Plus® Reformer 重整 • Aspen Polymers 聚合物 • Aspen Rate - based Distillation 基于速率的精馏	• Aspen Process Economic Analyzer 经济分析 • Aspen Energy Analyzer 热夹点 • Heat Exchanger Design & Rating 换热器	• Aspen Simulation Workbook™ • Aspen Plus® Dynamics 动态

(1)完备的物性数据库:Aspen Plus 自身拥有两个通用的数据库 Aspen CD(AspenTech 公司自己开发的数据库)和 DIPPR(美国化工协会物性数据设计院的数据库),还有多个专用的数据库。这些专用的数据库结合一些专用的状态方程和专用的单元操作模块,使得 Aspen Plus 软件可应用于固体加工、电解质等特殊的领域,拓宽了软件的使用范围。

Aspen Plus 具有工业上最适用且完备的物性系统,其中包含多种有机物、无机物、固体、水溶电解质的基本物性参数。Aspen Plus 计算时可自动从数据库中调用基本物性参数进行传递性质和热力学性质的计算。此外,Aspen Plus 还提供了几十种用于计算传递性质和热力学性质的模型方法,其含有的物性常数估算系统 PCES 能够通过输入分子结构和易测性质来估算缺少的物性参数。

(2)丰富的单元操作模块:Aspen Plus 拥有 50 多种单元操作模块,通过这些模块和模型的组合,可以模拟用户所需要的流程。此外,用户可以将自身的专用单元操作模型通过用户模型(USER MODEL)加入 Aspen Plus 系统中,这为用户提供了极大的方便性与灵活性。

(3)强大的流程选项与模型分析工具:Aspen Plus 提供了多种流程选项与模型分析工具,如灵敏度分析和工况分析模块。利用灵敏度分析模块,用户可以设置某变量作为灵敏度分析变量,通过改变此变量的值模拟操作结果的变化情况。采用工况分析模块,用户可对同一流程的几种操作工况进行运行分析。

(4)先进的系统实现策略:对于完整的模拟系统软件,除数据库和单元模块外,还应包括以下几部分。①数据输入:Aspen Plus 的数据输入是由命令方式进行的,即通过三级命令关键字书写的语段、语句及输入数据对各种流程数据进行输入。输入文件中还可包括注解和插入的 Fortran 语句,输入文件命令解释程序可转化成用于模拟计算的各种信息,这种输入方式使得用户使用软件时特别方便。②解算策略:Aspen Plus 所用的解算方法为序贯模块法以及联立方程法,流程的计算顺序可由程序自动产生,也可以由用户自己定义。对于有循环回路或设计规定的流程必须迭代收敛。③结果输出:可以把各种输入数据及模拟结果存放在报告文件中,可通过命令控制输出报告文件的形式及报告文件的内容,并可在此情况下对输出结果作图。

1.6.2　Aspen Plus 的主要功能

Aspen Plus 根据模型的复杂程度支持规模工作流,可以从简单的、单一的装置流程到巨大的、多个工程师开发和维护的整厂流程。因此,Aspen Plus 可以横跨整个工艺生命周期,其主要的功能:①采用详细的设备模型对工艺过程进行严格的物料与能量平衡计算;②预测物流的流率、组成以及性质;③预测操作条件、设备尺寸;④减少装置的设计时间并进行装置各种设计方案的比较;⑤帮助改进当前工艺;⑥回归试验数据。

1.6.3　Aspen Plus 的图形界面

本节以 Aspen Plus V10.0 为例介绍 Aspen Plus V8.0 及以上版本的模拟环境界面(见图 1-2)。

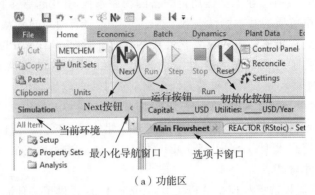

（a）功能区

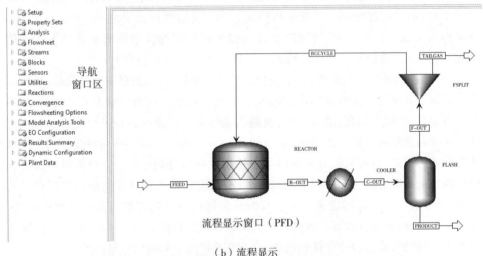

（b）流程显示

（c）流股类型及环境变量

图 1-2　Aspen Plus 模拟环境页面——以 Aspen Plus V10.0 为例

　　功能区包括一些显示不同功能命令集合的选项卡，还包括文件菜单（包括打开、保存、另存为、导入和导出文件等相关命令）和快捷访问工具栏（包括保存、取消、恢复、下一步、控制面板、开始、暂停与初始化等相关快捷方式）。其中，Next 工具是 Aspen Plus 非常实用的一个专家系统,主要作用包括:通过显示信息,指导用户完成模拟所需的或可选的输入;指导用户下一步需要做什么;确保用户参数输入的完整和一致。

Aspen Plus 左侧是一个层次树结构的导航窗口区,可以查看全局设置、物性集、物流、模块、反应等相关信息。在模拟过程中,导航窗口中各图标及颜色都代表不同的意义(见表 1-4)。Aspen Plus 模拟环境界面最下方是流股类型(包括物流、热流和功流三种类型)和模块选项(包括 9 类单元操作模型、1 个用户自定义模型和 1 个间歇过程,其中,单元操作模型见表 1-5)。

表 1-4 Aspen Plus 常见提示性图标的意义

符号	意义
⬤	该表输入未完成
✔	该表输入完成
◯	该表中没有输入,是可选项
☑	对于该表有计算结果
✖	对于该表有计算结果,但有计算错误
🗋	对于该表有计算结果,但有计算警告
△	对于该表有计算结果,但生成结果后输入发生改变

表 1-5 Aspen Plus 中的单元操作模型

分类	模型
Mixers/Splitters(混合器/分流器)	Mixer(物流混合器)、FSplit(物流分离器)、SSplit(子物流分离器)
Separators(分离器)	Flash2 两股出料闪蒸、Flash3 三股出料闪蒸、Decanter 液液倾析器、Sep 组分分离器、Sep2 两股出料组分分离器
Heat Exchangers(换热器)	Heater 加热器或冷却器、HeatX 两物流换热器、NheatX 多物流换热器、Hxflux 传热计算
Columns(塔)	DSTWU 简捷法蒸馏设计、Distl 简捷法蒸馏核算、RadFrac 严格分馏、Extract 液液萃取、MultiFrac 复染塔严格分馏、SCFrac 石油馏分的简捷法蒸馏、PetroFrac 石油炼制分馏、ConSep 精馏合成的简捷精馏、BatchSep 简捷精馏

（续表）

分类	模型
Reactors（反应器）	RStoic 化学计量反应器、RYield 收率反应器、REquil 平衡反应器、RGibbs 吉布斯平衡反应器、RCSTR 连续搅拌釜氏反应器、RPlug 活塞流反应器、RBatch 间歇反应器
Pressure Changers（压力变换器）	Pump 泵或水力透平、Compr 压缩机或透平、MCompr 多级压缩机或透平、Valve 控制阀、Pipe 单段管、Pipeline 多段管
Manipulators（操作器）	Mult 物流乘法器、Dupl 物流复制器、CIChng 物流类变化器、Analyzer EO 物流物性计算器、Selector 物流选择、Qtvec 装载物流操作器、Chargebal 电荷平衡、Measurement 工厂数据测量、Design - Spec 设计规定、Calculator 计算器、Transfer 转移
Solids（固体）	Crystallizer 连续结晶器、Crusher 粉碎机、Screen 筛、Swash 单级固体洗涤器、CCD 逆流倾析器、Dryer 干燥器、Granlator 造粒机、Classifier 分类器、Fluidbed 流化床
Solids Separators（固体分离器）	Cyclone 旋风分离器、VScrub 文丘里管洗刷器、CFuge 离心分离过滤器、Filter 过滤器、CiFilter 旋转减压过滤器、HyCyc 旋流除砂器、FabF1 纤维过滤器、ESP 干燥静电沉淀器

1.6.4 Aspen Plus 的建模与模拟步骤

下面以一氧化碳和氢气合成甲醇为例，介绍采用 Aspen Plus 软件对化工过程进行建模与模拟的步骤。

含 100 kmol/h 一氧化碳（CO）和 200 kmol/h 氢气（H_2）的原料 FEED（压力为 8.2 MPa，温度为 250 ℃），物流进入甲醇合成反应器 REACTOR（反应式为 CO+2 H_2——CH_3OH，CO 转化率为 0.9，反应条件：压力为 8.0 MPa，温度为 250 ℃）生成甲醇，反应后的混合物 R - OUT 经冷凝器 COOLER（出口温度为 45 ℃，压降为 0.45 MPa）冷却后，进入闪蒸罐 FLASH（绝热闪蒸，压强为 7.45 MPa），闪蒸罐顶部气相物流分为两部分（分割器 FSPLIT 模块分割）：其中 90% 作为循环气至反应器，剩余的作为尾气。物性方法采用 RK - SOAVE。

1. 启动 Aspen Plus

依次点击开始→Aspen Plus→Aspen Plus V10.0→New→提示用户建立空白模拟（Blank Simulation，默认）、空白间歇过程（Blank Batch Process）或最近选择过

的模板（Recent Selected Templates）→创建（Create）。本题选择默认的空白模拟（Blank Simulation），点击 Create（见图 1-3）。

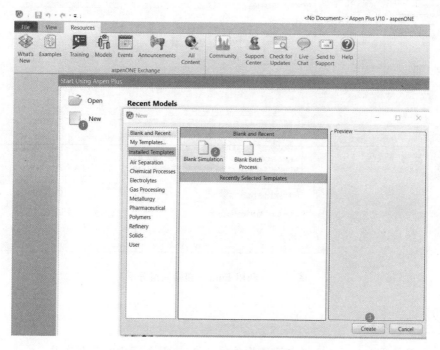

图 1-3　新建空白模拟

2. 输入组分

系统默认进入物性环境中 Components - Specifications | Selection 页面，用户需在此页面输入组分。用户也可以直接点击 Home 功能区选项卡中的 Components 按钮，进入组分输入页面。熟悉软件之后，用户可以直接在物性环境左侧的导航窗口点击 Components，进入组分输入页面。

在 Component ID 一栏输入一氧化碳的化学式 CO，点击回车键，由于这是系统可识别的组分 ID，所以系统会自动输入类型（Type）、组分名称（Component Name）和分子式（Formula）栏。同样输入氢气的化学式 H_2，点击回车键，系统会自动输入类型（Type）、组分名称（Component Name）和分子式（Formula）栏。在 Component ID 第三行中输入 MEOH 作为甲醇的标识，点击回车后，系统并不识别，这时需要用查找（Find）功能。首先选中第三行，然后点击 Find 按钮，在 Find Compounds 页面上输入 CH4O，点击 Find Now，系统会出现组分数据。从列表中选择所需的物质，点击下方的 Add selected compounds 按钮，然后点击 Close 按钮，回到 Components - Specifications | Selection 页面（见图 1-4）。

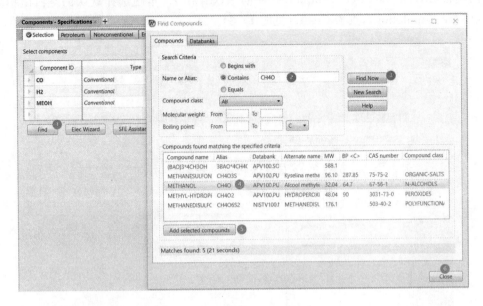

图 1-4 利用 Find 按钮输入组分

经验技巧

● Component ID 一栏中设置物质的标识时,最多可输入 8 个字符。

● 提示:Aspen Plus 中化学式不需改成下角标。

● Find 按钮可根据组分名、分子式、组分类别、分子量、沸点或 CAS 号查找组分,尤其是对于存在同分异构的物质,Find 按钮非常实用。

3. 选择物性方法及查看二元交互作用参数

组分定义完成之后,有 4 种途径进入 Methods Specifications|Global 页面,选择物性方法:①点击 🔖;②点击 Home 功能区选项卡中的 🧪 Methods;③点击导航窗口中 Methods|Specifications;④快捷键 F4。本例选择 RK-SOAVE 方法(见图1-5)。然后,点击 🔖,查看二元交互作用参数。Aspen Plus 物性系统为活度系数模型(WILSON,NRTL 和 UNIQUAC)、部分状态方程模型以及亨利定律提供了内置的二元参数。在完成组分和物性方法的选择后,Aspen Plus 自动使用这些内置参数。如果用户有更好的数据,可以替换上去。这里认为系统的参数可信,不必修改。至此,左下角的状态显示为 Required Properties Input Complete,红色消失表示物性方面的信息已经填完,可以进入下一步工作——Simulation 建立流程模拟。

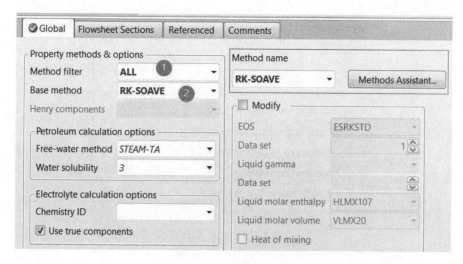

图 1-5 选择物性方法

经验技巧

● 物性方法的选择建议在 Method name 中直接输入。一般输入前 1～3 个字母，再从下拉菜单中选择所需要的物性方法。

● 如果二元交互参数项空白，表示系统中缺二元交互参数，需要用户根据文献资料或者实验数据补充，否则系统将按理想溶液处理，计算结果可能不可信。

● 可勾选窗口下方的 Estimate missing parameters by UNIFAC，系统会自动通过 UNIFAC 模型估算缺失的参数，以提高模拟精度。

● 如果用户手里有从 Dechema 公司购买的物性参数，可点击窗口右上方的 Dechema 按钮，完成补充数据的输入。

4. 选择模拟环境

上述步骤完成之后，可以通过点击 ⎘，出现如图 1-6 所示的 Ⓐ Properties Input Complete 对话框，并选择 Go to Simulation environment，点击 OK 进入模拟环境；也可以直接点击导航窗口的 Simulation 进入模拟环境。

5. 设置全局规定(可选)

可以选择性的进入 Setup Specifications Global 页面，设置全局规定，其主要包括为模拟命名、为模拟进行注释、输入账号信息等。本例均采用默认设置，不作修改。

6. 建立流程图

窗口中部 Main Flowsheet 标签下的空白空间用于建立流程图。要先建立流程，并输入模拟信息之后，才能进行模拟。当前左下角的状态信息显示 Flowsheet Not Complete 为红色，表示流程还未建好。

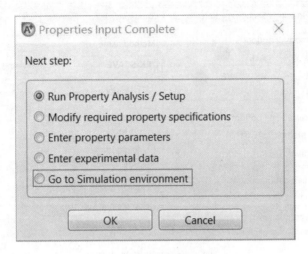

图 1-6　选择模拟环境

（1）添加模块：窗口正下方为 Model Palette（模块选项板），包括物流连接图标（Material）、混合与分割器（Mixers/Splitters）、分离器（Separators）、换热器（Exchangers）、塔器（Columns）、反应器（Reactors）等，用于建立流程。

经验技巧

● 如果下方没有 Model Palette，可在 Main Flowsheet 标签下，将窗口顶部View/Model Palette 选中，或者按功能键 F10 即可。再次按 Model Palette 标签或F10 关闭模型选项板。

● 中部 Main Flowsheet 标签也是可以打开或关闭的。如果用户无意中关闭了，可以点击顶部菜单 View/Flowsheet 打开。

针对本例题，首先从界面主窗口下端的模块选项板 Model Palette 中点击Reactors|RStoic 右侧的下拉箭头，选择 ICON1 图标（各种反应器模块将在后续章节讲述），然后移动鼠标至窗口空白处，点击左键放置模块 B1（默认名称，可以修改）[见图 1-7（a）]。

（2）添加物流和连接输入/输出物流：添加完模块之后，就可以进一步连接物流。用鼠标点击左下角的 Material 图标（默认为 Material 物质流，可以根据需要点击旁边修改为 Work 功流、Heat 热流等），将鼠标移到反应器模块 B1 附近，模块周围的物流连接处出现红色、蓝色箭头[见图 1-7（b）]，表示物流可以在相应的位置与单元连接。红色表示正常的进出口物流，蓝色表示水（Free Water 自由水/Dirty Water 污水）。一般情况下，物流用红色线。箭头指向模块表示物流进入，反之表

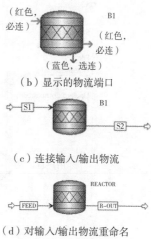

（b）显示的物流端口

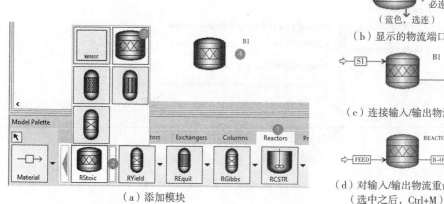

（a）添加模块

图 1-7　流程建模中添加反应器模块与连接物流

示物流流出。点击亮显的输入端口连接物流，然后点击流程窗口空白处放置物流，即可成功连接输入物流。同上述操作，点击亮显的输出物流端口，然后点击流程窗口的空白处，连接输出物流[见图 1-7(c)]。物流连接完成之后，按鼠标右键或者键盘上左上角的 Esc 键，鼠标由"十"字形变成箭头。对于流程中的物流和模块，通常取有实际意义的名称。分别点击物流和模块，右键选择 Rename Stream 及 Rename Block 修改名称或者点击之后用快捷键 Ctrl+M[见图 1-7(d)]。

　　如果某个物流错了，需要删除，将鼠标放在相应的物流线上，按鼠标右键，选择 cut 即可删除；用鼠标左键选中物流，再用键盘上 Delete 键也可删除。还可用同样的方法删除模块。

经验技巧

　　● 用鼠标选中模块相应的箭头位置，拖动鼠标（注意需要按住鼠标不放），可拉出相应的物流放置到任意位置，并在需要的位置松开，即可改变物流的位置。

　　● 添加的物流或模块可以不采用自动命名，点击菜单栏 File|Options，在 Flowsheet 页面下的 Stream and unit operation labels 中，将复选框的第一项和第三项去掉（见图 1-8），即对于物流和模块，用户自行定义标识名称，不采用系统生成的默认标识，点击 OK。

　　● 若需要对单元模块或物流进行更改名称、删除、更换图标、输入数据、输出结果等操作时，可以在模块或物流上点击左键，选中对象，然后点击右键，在弹出菜单中选择相应的项目；也可以选中模块或者物流，使用快捷键 Ctrl+M 进行修改。

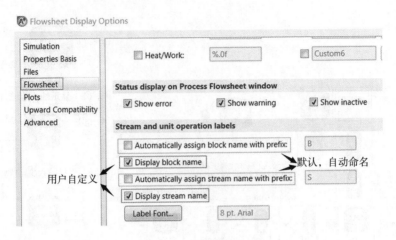

图 1-8 设置流程选项

如果出现了如图 1-9(a)所示的错误，说明物流 S1、S2 未连接到模块 B1 上。有两个办法可以解决上述连接问题，一是先把物流 S1、S2 删除掉，再重新连接；二是用鼠标右键的 Reconnect 功能。为了让物流 S1 右端（物流 S1 的终点）连接到模块 B1 入口上，用鼠标左键选中物流 S1 并按下鼠标右键，弹出如图 1-9(b)所示菜单，选择 Reconnect Destination 连接终点（B1 的入口）；物流 S2 左端（物流 S2 的起点）应当连接到模块 B1 的出口上，采用类似的操作可以实现，所不同的是应选择 Reconnect Source 连接起点[见图 1-9(c)]。

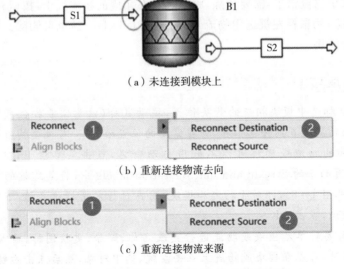

图 1-9 物流未连接到模块 B1 上及修改方式

添加冷凝器模块 COOLER，选择模块选项板中的 Exchangers | Heater | HEATER 图标（默认图标）[见图 1-10(a)]，点击鼠标左键，放置冷凝器模块。物流 R-OUT 既是反应器的输出物流，又是冷凝器的输入物流，选中物流 R-OUT，右击选择 Reconnect Destination，此时冷凝器模块 COOLER 上出现亮显的端口，点击输入物流连接端口，即可将物流 R-OUT 连接到冷凝器模块 COOLER 上。同理，可以添加闪蒸罐模块 FLASH，选择模块选项板中的 Separators | Flash | V-DRUM 图标（默认图标）[见图 1-10(b)]；也可以添加分流器模块 FSPLIT，选择模块选项板中的 Mixer/Splitters | FSplit | TRANGLE（默认图标）[见图 1-10(c)]。需要注意的是，FSPLIT 模块的一股物流 RECYCLE 作为循环物流，需连接到反应器输入物流，可根据自己的需要放置到合适的位置。为了美观，可以将 FSPLIT 模块进行旋转[见图 1-10(d)]。至此本例题的流程建立完毕最终建立的一氧化碳和氢气合成甲醇的流程图如图 1-11 所示。

经验技巧

● 为了使物流做到横平竖直，可以选中物流，首先使用快捷键 Ctrl+B，如果还没有改变，可以移动物流或模块至相应位置。

● 点击模块，选中 Rotate Icon 对模块进行适当旋转至合适位置。

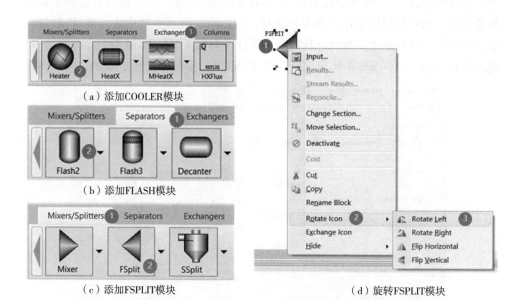

（a）添加COOLER模块

（b）添加FLASH模块

（c）添加FSPLIT模块

（d）旋转FSPLIT模块

图 1-10 添加 COOLER，FLASH 和 FSPLIT 模块及旋转 FSPLIT 模块

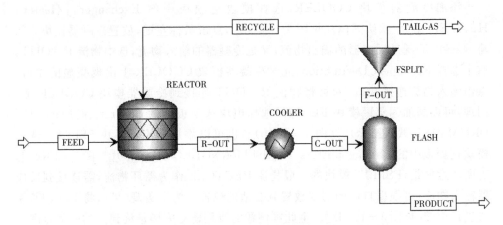

图 1-11 最终建立的一氧化碳和氢气合成甲醇的流程图

7. 输入物流参数

当建立好流程图后,左下角将变为 Required Input Incomplete,表示需要的参数未输入完成。点击 Next,进入 Streams | FEED | Input | Mixed 页面,通常只对进料物流输入流股信息,包括输入物流的温度、压力或气相分数三者中的两个以及物流的流量或组成。Total flow 一栏用于输入物流的总流量(可以是质量流量、摩尔流量、标准液体体积流量或体积流量)。输入总流量后,需要在 Composition 一栏中输入各组分流量或物流组成。用户也可以不输入物流总流量,在 Composition 一栏中输入流量,即输入物流中各个组分的流量。本例进料物流 FEED 压力为 8.2 MPa,温度为 250 ℃,一氧化碳(CO)流量为 100 kmol/h,氢气(H_2)流量为 200 kmol/h(见图 1-12)。

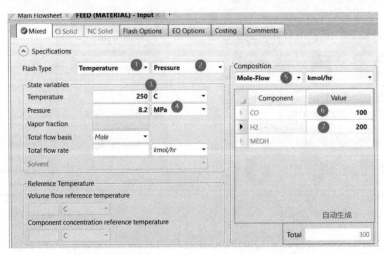

图 1-12 输入进料物流 FEED 的相关参数

🔗 经验技巧

● 当知道各个组分的流量时,不需手算总流量,只需在 Composition 一栏输入各组分流量,此时计算机后台将自动计算总流量,故 Total flow 一栏无须输入。

● 当知道总流量及各组分含量时,在 Total flow 一栏输入总流量,Composition 一栏输入物流组成,相当于分配系数。例如,物流含 40%A 和 60%B 可以输入"A:0.4 - B:0.6"或"A:40 - B:60"或"A:2 - B:3"。

8. 输入模块参数

点击 $\overset{N_b}{\text{Next}}$,Aspen Plus 根据模块名称首字母从小到大跳转到相应模块,例如本题首先跳转到模块 COOLER。由于模块属性的不同,需要输入的参数也有所不同,这些将在后面章节重点介绍,本章主要介绍建模与模拟的步骤。

(1)模块 COOLER:点击 $\overset{N_b}{\text{Next}}$,跳转至 Blocks|COOLER|Input|Specifications 页面,输入模块 COOLER 的相关参数:出口温度为 45 ℃,压力为 −0.45 MPa,其他采用默认值,不必修改(见图 1 - 13)。

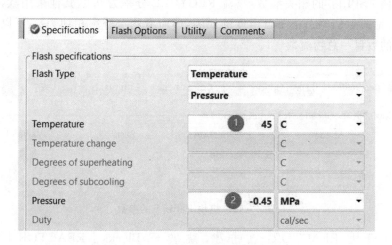

图 1 - 13 模块 COOLER 的参数

🔗 经验技巧

● 若输入的压力大于 0,则表示模块实际的操作压力;若输入的压力小于等于 0,则表示模块的压降。

(2)模块 FLASH:点击 $\overset{N_b}{\text{Next}}$,跳转至 Blocks|FLASH|Input|Specifications 页面,输入模块 FLASH 的相关参数:热负荷 0(绝热闪蒸,7.45 MPa),压力为 7.45 MPa,其他采用默认值,不必修改(见图 1 - 14)。

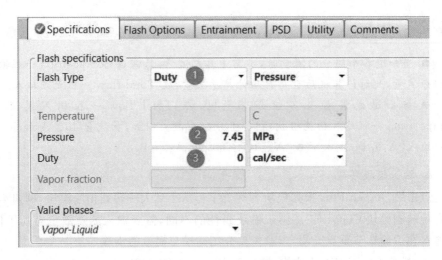

图 1-14 模块 FLASH 的参数

（3）模块 FSPLIT：点击 ![Next]，跳转至 Blocks|FSPLIT|Input|Specifications 页面，输入模块 FSPLIT 的相关参数：物流 RECYCLE 分率为 0.9，其他采用默认值，不必修改（见图 1-15）。由于自由度的原因，即所有物流分率相加为 1，所以指定物流分率的数目＝总物流数－1。

Stream	Specification	Basis	Value
RECYCLE	**Split fraction**	.	0.9
TAILGAS			

图 1-15 模块 FSPLIT 的参数

（4）模块 REACTOR：点击 ![Next]，跳转至 Blocks｜REACTOR｜Input｜Specifications 页面，输入模块 REACTOR 的相关参数。反应式为 $CO+2H_2 \longrightarrow CH_3OH$，CO 转化率为 0.9，反应条件：压力为 8.0 MPa，温度为 250 ℃，其他采用默认值，不必修改[见图 1-16(a)和(b)]。至此，所有输入都已完成，左下角状态显示为 Required Input Complete[见图 1-16(c)]，表示流程可以运行模拟。

9. 运行模拟

点击 ![Next]，弹出如图 1-17 所示的信息提示对话框。点击 OK，即可运行模拟。用户也可以点击 Home 功能区选项卡中的运行（Run）![Run] 按钮或使用快捷键 F5 直接运行模拟。用户在输入过程中有改动，需要重新运行模拟时，可以先点击 Home

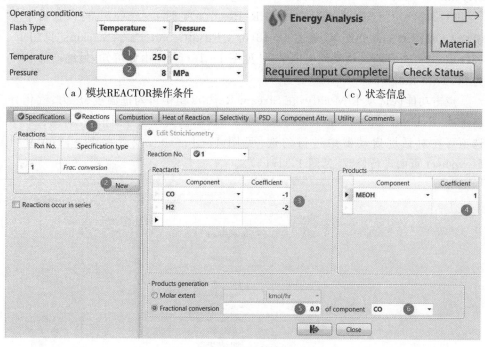

（a）模块REACTOR操作条件 　　　　　　（c）状态信息

（b）定义反应方程式

图 1-16 模块 REACTOR 的参数

功能区选项卡中的初始化（Reset）按钮，对模拟初始化后，再运行模拟。运行中出现的警告和错误均会在控制面板中显示，本题显示没有错误和警告。此外，也可以使用快捷键 F7 或 Home 功能区选项卡中的控制面板（Control Panel）Control Panel 按钮，打开控制面板。

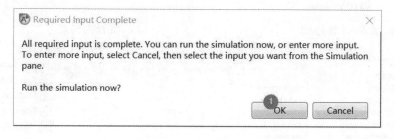

图 1-17 是否运行的信息提示对话框

10. 查看结果

由导航面板选择对应选项，即可查看各物流和模块的模拟结果。例如，进入

Streams|C-OUT|Results[见图 1-18(a)],可以看到单个物流 C-OUT 的结果[见图1-18(b)];点击 Blocks|COOLER|Results[见图 1-18(c)],可以查看单个模块 COOLER 的模拟结果[见图 1-18(d)];Results Summary|Streams[见图 1-18(e)],即可查看所有物流的模拟结果[见图 1-18(f)]。由此可知,最终产品物流为 99.1615 kmol/h。

点击功能区选项卡 Modify,在 Stream Results 组中可勾选温度、压力、汽化分率选项,在 Unite Operation 组中勾选 Heat/Work,使其在流程图中显示,流程显示选项可在对话框启动器中进行勾选[见图 1-19(a)],或者在 File|Options|Flowsheet 页面进行修改[见图 1-19(b)]。

Material	Vol.% Curves	Wt. % Curves	Petroleum	Polymers	Solids	⊘ Status
				Units		C-OUT ▼
− MIXED Substream						
Phase						
Temperature				C		45
Pressure				bar		75.5
Molar Vapor Fraction						0.263739
Molar Liquid Fraction						0.736261
Molar Solid Fraction						0
Mass Vapor Fraction						0.101161
Mass Liquid Fraction						0.898839
Mass Solid Fraction						0
Molar Enthalpy				kcal/mol		-44.1154
Mass Enthalpy				kcal/kg		-1685.55
Molar Entropy				cal/mol-K		-43.0281
Mass Entropy				cal/gm-K		-1.64401
Molar Density				kmol/cum		7.85594
Mass Density				kg/cum		205.611
Enthalpy Flow				Gcal/hr		-5.94218
Average MW						26.1727
+ Mole Flows				kmol/hr		134.696
+ Mole Fractions						
+ Mass Flows				kg/hr		3525.36
+ Mass Fractions						
Volume Flow				cum/hr		17.1458

(a)查看单个物流结果   (b)C-OUT物流结果

▲ 🗂 Streams
　▲ 🗂 C-OUT
　　 ⚙ Input
　　 📋 Results
　　 📋 EO Variables
　▲ 🗂 F-OUT
　　 ⚙ Input
　　 📋 Results
　　 📋 EO Variables

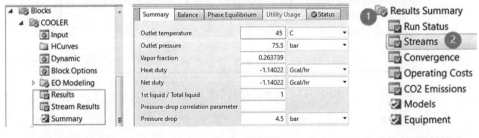

(c)查看单个模块结果   (d)COOLER结果   (e)查看物流结果

Material | Heat | Load | Work | Vol.% Curves | Wt.% Curves | Petroleum | Polymers | Solids

	Units	C-OUT	F-OUT	FEED	PRODUCT	R-OUT	RECYCLE	TAILGAS
Description								
From		COOLER	FLASH		FLASH	REACTOR	FSPLIT	FSPLIT
To		FLASH	FSPLIT	REACTOR		COOLER	REACTOR	
Stream Class		CONVEN	CONVEN	CONVEN	CONVEN	CONVEN	CONVEN	CONVEN
Maximum Relative Error								
Cost Flow	$/hr							
− MIXED Substream								
Phase			Vapor Phase	Vapor Phase	Liquid Phase	Vapor Phase	Vapor Phase	Vapor Phase
Temperature	C	45	44.9856	250	44.9856	250	44.9856	44.9856
Pressure	bar	75.5	74.5	82	74.5	80	74.5	74.5
Molar Vapor Fraction		0.263654	1	1	0	1	1	1
Molar Liquid Fraction		0.736346	0	0	1	0	0	0
Molar Solid Fraction		0	0	0	0	0	0	0
Mass Vapor Fraction		0.10115	1	1	0	1	1	1
Mass Solid Fraction		0	0	0	0	0	0	0
Molar Enthalpy	cal/mol	-44122	-8140.67	-7194.57	-57009.3	-35654.7	-8140.67	-8140.67
Mass Enthalpy	cal/gm	-1685.6	-810.392	-673.603	-1784.15	-1362.14	-810.392	-810.392
Molar Entropy	cal/mol-K	-43.0328	-0.684578	3.56411	-58.1904	-23.204	-0.684578	-0.684578
Mass Entropy	cal/gm-K	-1.64399	-0.0681488	0.333696	-1.82111	-0.886482	-0.0681488	-0.0681488
Molar Density	mol/cc	0.00785754	0.00269778	0.0018195	0.023934	0.00214634	0.00269778	0.00269778
Mass Density	gm/cc	0.205677	0.0271001	0.0194335	0.764768	0.0561814	0.0271001	0.0271001
Enthalpy Flow	cal/sec	-1.65063e+06	-80313.5	-599547	-1.57031e+06	-1.33388e+06	-72282.2	-8031.35
Average MW		26.1758	10.0453	10.6807	31.9532	26.1754	10.0453	10.0453
+ Mole Flows	kmol/hr	134.678	35.5166	300	99.1615	134.68	31.9649	3.55166
+ Mole Fractions								
+ Mass Flows	kg/hr	3525.3	356.776	3204.22	3168.53	3525.31	321.099	35.6776
+ Mass Fractions								
Volume Flow	l/min	285.666	219.419	2748.02	69.0521	1045.14	197.477	21.9419

（f）所有物流的模拟结果

图 1-18　查看模拟结果

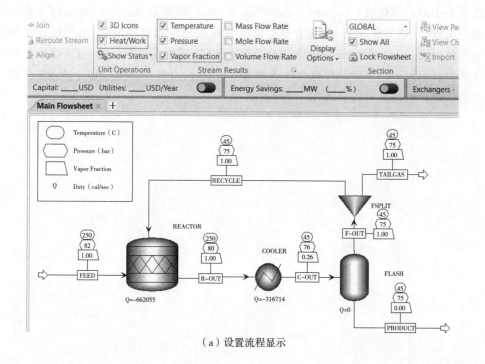

（a）设置流程显示

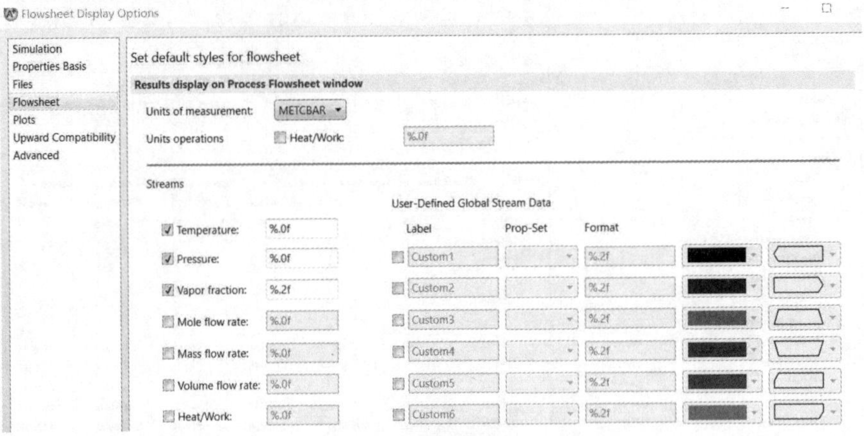

（b）设置物流显示

图 1-19　设置物流显示结果的方法

11. 保存文件（随时都可以，无固定顺序）

点击保存 ![save] 按钮或者点击 File|Save As，选择保存文件类型、存储位置、命名文件，点击保存即可。系统设置了三种文件保存类型，其中 .apw（Aspen Plus Document）格式是一种文档文件，系统采用二进制存储，包含所有输入规定、模拟结果和中间收敛信息；*.bkp（Aspen Plus Backup）格式是 Aspen Plus 运行过程的备份文件，采用 ASCⅡ存储，包含模拟的所有输入规定和结果信息，但不包含中间的收敛信息；*.apwz（Compound File）是综合文件，采用二进制存储，包含模拟过程中的所有信息。系统默认保存文件类型是 *.apwz，可在 File|Options|Files 页面进行修改。本题文件保存为例 1.1.bkp。

第2章　过程模拟单元自由度分析

在通用稳态流程模拟系统中,单元过程模型总是与其求解算法紧密结合在一起,形成所谓的"单元过程模块"。单元过程数学模型的设计变量一般都是实际系统的输入参数(如输入物流、单元设备参数、控制变量等),且与单元过程的实际自由度相对应。而单元过程的输出物流、设备内部状态等参数一般作为模型的状态变量,即模型的输入、输出变量与系统的实际加工次序、因果关系一般是对应的。作为单元过程模型及模块,其在流程模拟系统中的地位可以认为是"物流变换器",即由输入物流状态去计算输出物流状态的模块。

对于一般的通用流程模拟单元过程而言,作为"物流变换器"的单元过程模拟必须且仅需解决物流状态变换的问题。因此单元过程流程模拟模型的建模思路与反应工程、传递过程等研究工作不尽相同。如对于反应器模块,流程模拟时不必深究具体的微观反应动力学等问题;对于换热器问题,压降可不作为待求变量而作为设计变量指定,只需要能解决由输入物流计算输出物流即可。

在稳态流程模拟任务中,单元过程中物流的基本状态一般包括流量、温度、组成、相态、焓等变量,根据自由度分析,这些变量中只有一部分是独立变量。当独立变量数值确定后,其他所有物流状态(也包括黏度、界面张力、密度等变量)即可随之确定。

单元过程包括如下几类过程:

(1)钝性流体器械:流股混合器和流股分流器等。

(2)活性分离器械:精馏塔、吸收塔、萃取塔等。

(3)单级平衡级器械:闪蒸器(等温闪蒸、绝热闪蒸等)。

(4)压力变化器械:泵、压缩机、膨胀机和节流阀等。

(5)温度变化器械:换热器、再沸器、冷凝器等。

(6)化学反应器:转化率反应器、化学计量反应器、平衡反应器等。

2.1　混合器

流股混合器示意图如图 2-1 所示。两股物流经混合器混合为一股物流。若组分数为 C,过程绝热,则有关变量为各股物流的独立变量 F、p、T 和 $(C-1)$ 个 x_i。

变量数 $n = 3(C+2)$，与过程有关的设备特性参数和操作参数为 0，过程从外界得到的热量和功为 0。

图 2-1 流股混合器示意图

独立方程亦即物流混合器的数学模型（方程式后面的 1、C、1 代表方程的个数）：

（1）压强平衡方程为

$$p_3 = \min(p_1, p_2) \quad 1 \tag{2-1}$$

（2）物料衡算方程为

$$F_3 x_{i3} = F_1 x_{i1} + F_2 x_{i2} \quad C \tag{2-2}$$

（3）焓平衡方程为

$$F_3 H_3 = F_1 H_1 + F_2 H_2 \quad 1 \tag{2-3}$$

对该混合方程还可列出方程

$$F_1 = F_2 + F_3 \tag{2-4}$$

但这一方程不是独立的，不应包含在模型之内。

对所有组分加和可得

$$F_1 \sum x_{i1} + F_2 \sum x_{i2} = F_3 \sum x_{i3} \tag{2-5}$$

式（2-1）～式（2-5）中，H 为流股的比摩尔焓；F 为流股的摩尔流量；x 为流股中组分的摩尔分数；p 为压强。

混合器模型的独立方程数为

$$m = C + 2 \tag{2-6}$$

模型的自由度为

$$d = n - m = 3(C+2) - (C+2) = 2C + 4 \tag{2-7}$$

通过适当规定 $(2C+4)$ 个独立变量的值，即可进行混合器的模拟计算。例如，若规定两股输入流股的物流变量 F，p，T 和 $(C-1)$ 个 x_i，应用以上模型即可计算输出流股的流量、压强、温度和组成。虽然单纯从数学上看也可规定输出流股和一股输入流股的变量去计算另一股输入流股的变量，或者规定三股流股的部分变量去计算其余变量，但是，实际上过程单元模型一定是由输入物流参数去计算输出物流参数,这与实际过程的加工顺序是完全一致的。如果混合器有 S 个输入流股,则自由度为 $S(C+2)$,即相当于指定 S 个输入流股变量后,混合器出口流股的变量也就随之确定。

2.2　分流器

流股分流器示意图如图 2-2 所示。一股物流经分流器分割为两股或多股物流。若组分数为 C,过程绝热,则有关变量为各股物流的独立变量 F, p, T 和 $(C-1)$ 个 x_i。变量数 $n=3(C+2)$,与过程有关的设备特性参数和操作参数为 0,过程从外界得到的热量和功为 0。

$$F_1, p_1, T_1, x_{i1} \quad \boxed{\text{分流器}} \quad \begin{array}{l} F_2, p_2, T_2, x_{i2} \\ F_3, p_3, T_3, x_{i3} \end{array}$$

图 2-2　流股分流器示意图

独立方程亦即物流混合器的数学模型:

(1)压强平衡方程

$$p_3 = p_1 = p_2 \quad 2 \tag{2-8}$$

(2)物料衡算方程

$$x_{i1} = x_{i2} = x_{i3} \quad 2C \tag{2-9}$$

(3)焓平衡方程

$$H_1 = H_2 = H_3 \quad 2 \tag{2-10}$$

分析可知,当指定输入流股变量 $(C+2)$ 个以及一个设备参数——分流系数 α 后,就有

$$F_2 = \alpha F_1 \quad 1 \tag{2-11}$$

$$F_3 = (1-\alpha)F_1 \quad 1 \tag{2-12}$$

一共 $(2C+6)$ 个方程,则可求出该分流器的两股输出流股的 $(2C+4)$ 个变量。即分流器的自由度为 $(C+2)+1$。当一个流股被分割成 S 个流股时,有上述分析可知,指定 $(C+2)$ 个输入流股变量及 $(S-1)$ 个分割分率值[因为分割分率和为 1,故在 S 个分割分率中只有 $(S-1)$ 个是可以规定的],则可由 $S(C+2)$ 个独立方程式解出 S 个分支流股包含的变量。则该分割器的自由度为

$$d = (S+1)(C+2) + (S-1) - S(C+2) = (C+2) + (S-1) \tag{2-13}$$

2.3 平衡闪蒸

闪蒸计算可了解每股物流的相分布,因此流程模拟中最频繁使用的模块就是相平衡及闪蒸计算。

1. 绝热闪蒸

绝热闪蒸器单元示意图如图 2-3 所示,在绝热过程中,组成为 z_i 的一股物流通过节流阀减压后进入闪蒸器闪蒸至指定压强(设备参数),闪蒸器的加热量 Q 必须作为设备参数。闪蒸过程部分物料汽化,产生汽液两相,两相的流量分别为 V 和 L,两相的组成分别为 y_i 和 x_i。

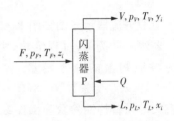

图 2-3 绝热闪蒸器单元示意图

(1)物理模型

平衡闪蒸模型,假定汽液两相处于相平衡状态。该过程只包含物流变量,即各股物流的流量、压强、温度和组成,变量数 $n=3(C+2)$。

(2)数学模型

闪蒸器汽液两相压强平衡方程为

$$p_V = p_L = P \quad 2 \tag{2-14}$$

闪蒸器汽液两相热平衡方程为

$$T_V = T_L \quad 1 \tag{2-15}$$

物料平衡方程为

$$Fz_i = Vy_i + Lx_i \quad C \tag{2-16}$$

汽液两相相平衡方程为

$$y_i = K_i x_i \quad C \tag{2-17}$$

热量平衡方程为

$$FH_F = VH_V + LH_L \quad 1 \tag{2-18}$$

独立方程数 $2C+4$,模型的自由度为

$$d = n - m = 3(C+2) + 1 - (2C+4) = C+3 \tag{2-19}$$

在进行绝热闪蒸计算时,除应规定输入物流的 $(C+2)$ 个变量外,通常还规定闪

蒸压强作为设备参数,但也可指定闪蒸温度或汽化率为设备参数。

【例 2.1】　闪蒸过程模型建立与求解应用实例。

解:

第一步:绝热闪蒸过程数学模型的建立。

多组元平衡闪蒸过程的基本方程组由物料平衡方程组(M)建立、相平衡方程组(E)、分子分数加和方程(S)和能量平衡方程组(H)组成。

物料平衡方程为

$$Fz_i = Vy_i + Lx_i \tag{2-20}$$

相平衡方程为

$$y_i = K_i x_i \tag{2-21}$$

分子分数加和方程为

$$\sum x_i = 1, \sum y_i = 1 \tag{2-22}$$

焓(能量)平衡方程为

$$FH_f = VH^V + LH^L \tag{2-23}$$

式(2-20)～式(2-23)中,H_f 为混合相进料的焓,单位为 kcal/kmol,H^V、H^L 分别为节流后平衡气相、液相的焓。

引入摩尔汽化分率 e,可将式(2-23)改写为

$$z_i = (1-e)x_i + ey_i \tag{2-24}$$

则 ME 方程为

$$z_i = [(K_i - 1)e + 1]x_i \tag{2-25}$$

式(2-23)改写为

$$H_f = eH^V + (1-e)H^L \tag{2-26}$$

式(2-23)又可改写为

$$x_i = \frac{z_i}{(K_i - 1)e + 1} \tag{2-27}$$

同理有

$$y_i = \frac{K_i z_i}{(K_i - 1)e + 1} \tag{2-28}$$

由于在绝热闪蒸计算中闪蒸罐的温度是未知数,所以闪蒸函数不仅是闪蒸率

的函数,而且也是闪蒸罐温度的函数。在此基础上,由式(2-29)、式(2-30) 和式 (2-31) 得到传统闪蒸计算法的基本方程组为

$$F_1(e,T) = \sum x_i - 1 = \sum \frac{z_i}{(K_i - 1)e + 1} - 1 = 0 \qquad (2-29)$$

或

$$F_1(e,T) = \sum (x_i - y_i) = \sum \frac{z_i(K_i - 1)}{(K_i - 1)e + 1} = 0 \qquad (2-30)$$

以及由热量衡算方程得到的

$$F_2(e,T) = \frac{eH^V + (1-e)H^L - H_f}{\xi} = 0 \qquad (2-31)$$

式(2-31)中的 ξ 为校正因子,其数值应与式中焓的数值具有相同的数量级,以使式中各项的数量级为 1。

第二步,单级绝热闪蒸过程的求解。

式(2-29)~式(2-31)为传统方法计算的基本方程组。在计算过程中,该方法忽略混合物组成对相平衡常数 K 的影响,即 $K = f(T, p)$。当指定 T、p 和 z_i 由式(2-29)和式(2-30)求解 e 时,由于这两式对 e 为高度非线性方程,需用试差法求解。为避免试差计算的盲目性,可采用计算机计算中常用的迭代求根法。对本类问题采用 Newton 法最为有效,按该法的迭代公式对 e 进行迭代可写出

$$e^{(k+1)} = e^k - \frac{F(e^k)}{F'(e^k)} \qquad (2-32)$$

而气相混合物和液相混合物的焓则按理想混合物计算,即

$$H^V = \sum_{i=1}^{c} H_i^V y_i \qquad (2-33)$$

$$H^L = \sum_{i=1}^{c} H_i^l x_i \qquad (2-34)$$

式(2-33)和式(2-34)中,H^V 为纯气体 i 在指定温度和压强下的焓,单位为 kJ/kmol;H^L 为纯液体 i 在指定温度下的焓,单位为 kJ/kmol。

绝热闪蒸方程组中的参数 K、H^V、H^L 都是未知数 e 和 T 的复杂非线性函数,所以需要迭代求解。本例题中计算包括两层迭代循环,传统方法闪蒸率的总迭代次数很多,对初值选择也较为严格,对非理想性强的系统有时很难得到收敛值。因此,也可采用对角线矩阵法等较为快速求解的方法进行解析求解。

2. 等温闪蒸

等温闪蒸与绝热闪蒸的不同之处是指定了闪蒸温度 T 作为一个设备参数,所以与外界有热量交换,热交换量 Q 不为零。故焓平衡方程变为

$$FH_F + Q = VH_V + LH_L \qquad (2-35)$$

此时压强平衡方程变为一个,即 $p_V = p_L$。压强不能直接指定,需计算得出;而温度平衡方程变为两个,即 $T_V = T_L = T$,并增加了一个变量 Q,于是模型的自由度为

$$d = n - m = 3(C+2) + 1 - (2C+4) = C+3 \qquad (2-36)$$

也就是说,已知输入物流和指定闪蒸温度便可算出两个输出物流以及热交换量。

2.4　换热器

为了不失普遍性,可定义管侧向壳侧传热。换热器示意图如图 2-4 所示。

图 2-4　换热器示意图

传热速率方程为

$$Q = KA\Delta T_m f \qquad (2-37)$$

式(2-37)中,f 为逆流校正系数。

热平衡方程为

$$Q = F_{in}^t (H_{in}^t - H_{out}^t) \qquad (2-38)$$

$$Q = \frac{F_{in}^S (H_{out}^S - H_{in}^S)}{1 - s_i s_o q} \qquad (2-39)$$

式(2-39)中,q 为热损失率(可视作常数),即

$$q = \frac{|\text{壳侧热损失量}|}{|\text{管壳间交换热量}|}, q \geqslant 0 \qquad (2-40)$$

s_i、s_o 为符号系数,即

$$s_i = \begin{cases} +1 & T_{in}^t \geqslant T_{in}^S \\ -1 & T_{in}^t < T_{in}^S \end{cases} \qquad (2-41)$$

$$s_o = \begin{cases} +1 & T_{in}^S \geqslant T^0 \\ -1 & T_{in}^S < T^0 \end{cases} \tag{2-42}$$

对数平均温差为

$$\Delta T = \frac{(T_{in}^t - T_{out}^S) - (T_{out}^t \geqslant T_{in}^S)}{\ln \dfrac{T_{in}^t - T_{out}^S}{T_{out}^t \geqslant T_{in}^S}} \tag{2-43}$$

物料平衡方程为

$$F_{in}^t = F_{out}^t$$

$$\tag{2-44}$$

$$F_{in}^S = F_{out}^S$$

设换热器两侧物流的组分数目分别为 C_1 与 C_2，则换热器单元的自由度分析见表 2-1 所列。

表 2-1　换热器单元的自由度分析

方程名称	一侧方程数	另一侧方程数
物料衡算	C_1	C_2
焓衡算	1	1
压强变化	1	1
独立方程数	$C_1 + 2$	$C_2 + 2$
独立方程总数	$m = (C_1 + 2) + (C_2 + 2)$	
独立变量数	一侧	另一侧
输入物流	$C_1 + 2$	$C_2 + 2$
输出物流	$C_1 + 2$	$C_2 + 2$
热负荷，作为设备参数	1	
独立变量总数	$n = 2(C_1 + 2) + 2(C_2 + 2) + 1$	

故换热单元系统自由度为

$$d = 2(C_1 + 2) + 2(C_2 + 2) + 1 - [(C_1 + 2) + (C_2 + 2)] = C_1 + C_2 + 5 \tag{2-45}$$

也就是说，当给定进口热、冷流股的 $(C_1 + C_2 + 4)$ 个变量以及换热负荷（一个变量）后，出口流股的变量就完全确定了，可由 $(C_1 + C_2 + 4)$ 个独立方程数求出。

2.5　泵与压缩机

　　最简化的泵和压缩机的单元模型大体上是相同的,都有一个设备参数,即压强的改变量 ΔP 或者是轴功 W。泵或压缩机示意图如图 2-5 所示。

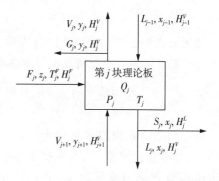

图 2-5　泵或压缩机示意图

　　若不考虑相变的可能,此时的单元过程模型极为简单,即 $P_{\text{out}} = P_{\text{in}} + \Delta P$,而输出物流的组成不变,与输入物流相同。独立方程数为 C 个组分物料平衡方程、1 个温度相等方程(可忽略温度变化)、1 个压强平衡方程,独立方程总数为 $(C+2)$ 个。

　　因此,泵与压缩机的自由度为

$$d = 2(C+2) + 2 - (C+2) = C + 4 \tag{2-46}$$

2.6　精馏塔板

　　精馏塔第 j 块塔板的稳态模拟数学模型[上一块塔板为第 $(j-1)$ 块,下一块塔板为第 $(j+1)$ 块]是首先设定在每一块塔板上的气液达到相平衡时,将塔顶冷凝器和塔釜作为一块理论塔板,建立全塔的物料衡算、相平衡、归一方程及能量衡算模型,通常称这个数学模型为塔的 MESH 模型,具体形式如下(以图 2-6 所示的理论塔板为例)。将塔板考虑为理论平衡级,板上物料理想混合。组分数目为 C(设计值),板上压强为 P_j(设计值),温度为 T_j,上升气相为 V_j,溢流液相为 L_j,液相采出为 S_j(设计值),汽相采出为 G_j(设计值),传入热量为 Q_j(设计值),进料量为 F_j(设计值),进料总摩尔焓为 H_j^F(设计值),组成为 z_{ij} $(i=1, 2, \cdots, C)$(设计值),板上汽相摩尔焓为 H_j^V,板上液相摩尔焓为 H_j^L,板上液相摩尔组成为 x_{ij},$(i=1,2,\cdots,C)$,板上汽

图 2-6　精馏塔塔板模型示意图

相摩尔组成为 y_{ij},$(i=1,2,\cdots,C)$,相平衡常数为 k_{ij},$(i=1,2,\cdots,C)$。流量和组成以摩尔为单位,能量以焦耳为单位。

则模型可写为

$$F_j z_{ij} + L_{j-1} x_{j-1,i} + V_{j+1} y_{j+1.i} - (L_j + S_j) x_{ij} - (V_j + G_j) y_{ij} = 0 \quad i=1,2,\cdots,C$$

$$(2-47)$$

$$F_j H_j^F + L_{j-1} H_{j-1}^L + V_{j+1} H_{j+1}^V + Q_j - (L_j + S_j) H_j^L - (V_j + G_j) H_j^V = 0 \quad (2-48)$$

$$y_{ij} = k_{ij} x_{ij} \quad i=1,2,\cdots,C$$

$$\sum_{i=1}^{C} x_{ij} = 1 \quad \text{或} \quad \sum_{i=1}^{C} y_{ij} = 1$$

而其中隐含的函数关系为

$$k_{ij} = f(P_j, x_{j1}, x_{j2}, \cdots x_{j,C-1}) i=1,2,\cdots,C \quad (2-49)$$

$$T_j = f(P_j, H_j^L, x_{j1}, x_{j2}, \cdots x_{j,C}) \quad (2-50)$$

$$H_j^V = f(P_j, T_j, y_j) H_j^L = f(P_j, T_j, x_j) \quad (2-51)$$

可见精馏塔塔板模型是较为复杂的模型。而一个精馏塔又由许多块塔板组成,所以精馏塔的数学模拟是非常复杂的模拟问题。

2.7 通用分离器

通用分离器也是一种简化的过程单元模型,主要用于物料的衡算。可以将组分 i 的分离率定为通用分离器的设备参数,即

$$\beta_i = \frac{\text{轻相输出物流 } i \text{ 组分中的流量}}{\text{输入物流中 } i \text{ 组分的流量}} = \frac{F_2 y_i}{F_1 z_i} \quad i=1,2,\cdots,C \quad (2-52)$$

如果已知输入物流并指定出口物流的压强、温度和分离率,则可根据下述模型求出出口物流的流量组成,并进一步求出物流的焓以及热交换量 Q。分离器示意图如图 2-7 所示。

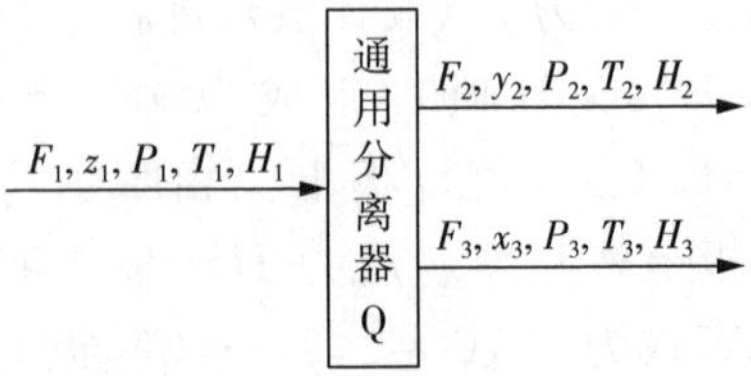

图 2-7 分离器示意图

$$F_1 z_i = F_2 y_i + F_3 x_i \quad i = 1, 2, \cdots, C \tag{2-53}$$

$$y_i = \frac{\beta_i F_1 z_i}{F_2} \quad i = 1, 2, \cdots, C \tag{2-54}$$

$$\sum_{i=1}^{C} y_i = 1 \tag{2-55}$$

$$\sum_{i=1}^{C} x_i = 1 \tag{2-56}$$

$$F_1 H_1 + Q = F_2 H_2 + F_3 H_3 \tag{2-57}$$

求解这个模型必须迭代求解。但是如果合理地将方程分组,并安排好求解的次序,则可以序贯地求出 F_3、F_2、y_i 和 x_i,最后求出 H_2、H_3 和 Q。

分离过程基本单元的自由度分析见表 2-2 所列。

表 2-2　分离过程基本单元的自由度分析

单元名称	独立变量总数 m	独立方程总数 n	自由度 d
全沸器	$2C+5$	$C+1$	$C+4$
全凝器	$2C+5$	$C+1$	$C+4$
部分再沸器	$3C+7$	$2C+3$	$C+4$
部分冷凝器	$3C+7$	$2C+3$	$C+4$
绝热平衡级	$4C+8$	$2C+3$	$2C+5$
平衡级,有热负荷	$4C+9$	$2C+3$	$2C+6$
平衡级,有进料及热负荷	$5C+11$	$2C+3$	$3C+8$

2.8　过程系统的自由度分析

系统自由度 D_{sys} 的确定是为了知道在系统模拟时应设定哪些必要的决策变量。

$$D_{sys} = \sum D_i - \sum K_j \tag{2-58}$$

式(2-58)中,D_i 为系统中单元 i 的单元自由度;K_j 为系统中单元之间第 j 个联结的联结限制数,即独立的联结方程数。

【例 2.2】　请计算如图 2-8 所示系统的自由度,其中分离器 B_3 假设为闪蒸器。

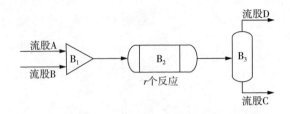

图 2-8　某个化工系统示意图

解：

由图 2-8 知，各单元的自由度为

单元	自由度
B_1	$2C+4$
B_2	$C+r+4$
B_3	$C+3$

三个单元的自由度之和为

$$\sum D_i = (2C+4)+(C+r+4)+(C+3)=4C+r+11$$

联结方程数为

$$\sum K_j = 2(C+2)$$

系统的自由度为

$$D_{\text{sys}} = \sum D_i - \sum K_j$$
$$= (4C+r+11)-2(C+2)$$
$$= 2C+r+7$$

第3章 化工物性方法

无论是对化工系统进行分析还是设计,都将涉及相关化学物质的物性数据。物性数据正确与否直接关系着流程模拟结果的准确性。因此,物性方法的选择、物性分析以及未知物性的估算对精确、可靠地模拟一个化工过程起着非常重要的作用。

3.1 化工物性数据

化学物质的物性数据很多,主要包括基本物性数据、热力学物性数据、化学反应和热化学数据以及传递参数。

3.1.1 化工物性数据的分类

现将常用的一些化工基础数据大致归纳成以下几类:

(1)基本物性数据,包括密度或比容、蒸汽压、汽液平衡(气→汽)关系、状态方程参数、压缩系数、临界常数(临界压强、临界温度、临界体积)等。

(2)热力学物性数据,包括内能、焓、熵、热容、自由能、自由焓、相变热等。

(3)化学反应和热化学数据,包括反应热、生成热、燃烧热、反应速率常数、活化能、化学平衡常数等。

(4)传递参数,包括黏度、扩散系数、导热系数等。

3.1.2 化工物性数据的来源

在进行化工计算或设计时,设法取得所需的有关物性数据是较为重要的一步。通常这些数据可用下列方法得到。

(1)查阅文献资料:有关常用物质的物性数据,前人已系统地进行归纳总结,以表格或图的形式表示。这些数据可从有关的化学化工类手册或专业性的化工手册中查到。例如,《化学工程手册》《化工工艺设计手册》《石油化工基础数据手册》《无机盐工业手册》等。随着电子计算机的迅速发展,一些大型化工企业、研究部门和高等院校都相应建立了物性数据库,以便于通过计算机自动检索或估算所要求的数据,而不必自行查找或计算,这大大节省了时间和精力。

(2)物性估算:以热力学知识为基础,可以应用物理和化学的一些基本定律计算各种物质的性质参数。但是,往往由于缺乏计算所需的一些分子性质(如偶极矩、极化率、原子间距离等)的数据而无法计算,或者即使知道这些数据,计算也很复杂。因此,许多研究人员做了不少工作,建立了理论与经验相结合的方法,来计算各种物质的物性数据。这些方法仅从一个化合物的几种数据就能估算出该化合物的其他物性数据。

(3)实验测定:通过实验得到,这是获取物性数据最直接的方法。

经验技巧

● 从文献中查得相关物性数据最方便,但有时数据不够完整。

● 用一些理论的、半经验的和经验的公式估算,也是一种简便的方法。当手册或文献中无法查得时,可以进行估算。

● 用实验测定得到的数据最可靠,只是实验比较费时间且成本高。如果查不到有关数据,而用公式估算得到的结果精度又不够时,则必须用实验进行测定。

3.1.3 Aspen Plus 的物性数据库

物性数据库是 Aspen Plus 软件进行物性计算的基础,Aspen Plus 的物性数据库可以分为系统数据库、内置数据库和用户数据库等。

(1)系统数据库。它是 Aspen Plus 的一部分,适用于每一个程序的运行,包括纯组分数据库、水溶液数据库、固体数据库、Henry 常数库、二元交互作用参数库、无机物数据库、燃烧数据库、固体数据库等数据库。

(2)内置数据库。它与 Aspen Plus 的数据库无关,需用户自己输入,自己创建并激活。

(3)用户数据库。用户需要自己创建并激活,且数据具有针对性,不是对所有用户开放。

3.2 化工系统模拟中的物性方法

物性方法指的是用于计算物性的方法(Method)和模型(Model)。使用 Aspen Plus 做模拟的时候物性方法的选择是十分关键的,物性方法贯穿于整个模拟过程,其选择的正确与否直接关系到模拟结果的准确性和可靠性。通常物性方法可分为理想模型、状态方程模型、活度系数模型和特殊模型等。

3.2.1 理想模型

理想体系指的是符合理想气体定律和拉乌尔定律的体系,主要是大小和形状相似的非极性组分;非理想体系则是分子的大小、形状差异较大,或者带极性基团的体系,如醇类、酸性物质等。理想模型主要包括 IDEAL 和 SYSOP0 等模型。

3.2.2 状态方程模型

状态方程(Equation of State,EOS)不仅表示在较广的范围内 p、V、T 之间的函数关系,而且可用于计算不能直接从实验测得的其他热力学性质。状态方程用于相平衡计算时,气相和液相的参考状态均为理想气体,通过计算气液两相的逸度系数可以确定其对理想气体的偏差。其特征是方程可展开为体积(或密度)的三次方形式,可以准确预测临界和超临界状态。Aspen Plus 常用的状态方程模型见表 3 - 1 所列。

表 3 - 1 Aspen Plus 常用的状态方程模型

方法	状态方程
基于 Lee 方程的物性方法	
BWR - LS	BWR Lee - Starling
LK - PLOCK	Lee - Kesler - Plöcker
基于 PR 方程的物性方法	
PENG - ROB	Peng - Robinson
PR - BM	Peng - Robinson with Boston - Mathias alpha function
PRWS	Peng - Robinson with Wong - Sandler mixing rules
PRMHV2	Peng - Robinson with modified Huron - Vidal mixing rules
基于 RK 方程的物性方法	
PSRK	Predictive Soave - Redlich - Kwong
RKSWS	Redlich - Kwong - Soave with Wong - Sandler mixing rules
RKSMHV2	Redlich - Kwong - Soave with modified Huron - Vidal mixing rules
RK - ASPEN	Redlich - Kwong - Aspen
RK - SOAVE	Redlich - Kwong - Soave
RKS - BM	Redlich - Kwong - Soave with Boston - Mathias alpha function
其他物性方法	
SR - POLAR	Schwartzentruber - Renon

3.2.3 活度系数模型

对于高度非理想液体混合物(如极性溶液和电解质溶液),则因其液相的非理想性较强,一般状态方程并不适用,该类溶液中各组分的逸度常通过活度系数模型来计算。Aspen Plus 常用的活度系数法见表 3-2 所列。

表 3-2 Aspen Plus 常用的活度系数法

方法	液相活度系数	气相逸度系数
基于 Pitzer 的物性方法		
PITZER	Pitzer	Redlich - Kwong - Soave
PITZ - HG	Pitzer	Redlich - Kwong - Soave
B - PITZER	Bromley - Pitzer	Redlich - Kwong - Soave
基于 NRTL 的物性方法		
ELECNRTL	Electrolyte NRTL	Redlich - Kwong
ENRTL - HF	Electrolyte NRTL	HFHexamerization model
ENRTL - HG	Electrolyte NRTL	Redlich - Kwong
NRTL	NRTL	Ideal Gas
NRTL - HOC	NRTL	Hayden - O'Connell
NRTL - NTH	NRTL	Nothnagel
NRTL - RK	NRTL	Redlich - Kwong
NRTL - 2	NRTL(using dataset 2)	Ideal Gas
基于 UNIFAC 的物性方法		
UNIFAC	UNIFAC	Redlich - Kwong
UNIF - DMD	Dortmund - modified UNIFAC	Redlich - Kwong - Soave
UNIF - HOC	UNIFAC	Hayden - O'Connell
UNIF - LBY	Lyngby - modified UNIFAC	Ideal Gas
UNIF - LL	UNIFAC for liquid - liquid systems	Redlich - Kwong
基于 UNIQUAC 的物性方法		
UNIQUAC	UNIQUAC	Ideal Gas
UNIQ - HOC	UNIQUAC	Hayden - O'Connell
UNIQ - NTH	UNIQUAC	Nothnagel
UNIQ - RK	UNIQUAC	Redlich - Kwong
UNIQ - 2	UNIQUAC(using dataset 2)	Ideal Gas
基于 VanLaar 的物性方法		
VANLAAR	VanLaar	Ideal Gas

（续表）

方法	液相活度系数	气相逸度系数
VANL – HOC	VanLaar	Hayden – O'Connell
VANL – NTH	VanLaar	Nothnagel
VANL – RK	VanLaar	Redlich – Kwong
VANL – 2	VanLaar(using dataset 2)	Ideal Gas
基于 Wilson 的物性方法		
WILSON	Wilson	Ideal Gas
WILS – HOC	Wilson	Hayden – O'Connell
WILS – NTH	Wilson	Nothnagel
WILS – RK	Wilson	Redlich – Kwong
WILS – 2	Wilson(using dataset 2)	Ideal Gas
WILS – HF	Wilson	HFHexamerization model
WILS – GLR	Wilson (ideal gas and liquid enthalpy reference state)	Ideal Gas
WILS – LR	Wilson(liquid enthalpy reference state)	Ideal Gas
WILS – VOL	Wilson with volume term	Redlich – Kwong

　　这几类活度系数法各自具有不同的优缺点：①VanLaar 模型计算较简单的系统时可以有较理想的结果,在关联二元数据方面是有用的,但在预测多元气液平衡方面显得不足；②Wilson 模型是基于局部组成概念提出来的,能用较少的特征参数关联和推算混合物的相平衡,特别是很好地关联非理想性较高系统的气液平衡,故在气液平衡的研究领域中得到了广泛的研究和应用,尤其是对含烃、醇、酮、酯、醚、腈类以及含水、硫、卤类的互溶溶液均能获得良好结果,但不能用于部分互溶体系；③NRTL 模型克服了 Wilson 模型的缺点,具有与 Wilson 模型大致相同的拟合和预测精度,可以适应部分互溶体系的液液平衡计算；④与 Wilson、NRTL 等模型相比,UNIQUAC 模型相对复杂,但精确度更高,通用性更好,可满足含非极性和极性组分（如烃、醇、醛、酮、腈、有机酸等）以及各种非电解质溶液（包括部分互溶体系）的计算；⑤UNIFAC 模型是将基团贡献法应用于 UNIQUAC 模型而建立起来的,并且得到越来越广泛的应用。⑥Pitzer 模型以水电解质活度系数模型为基础,能较好地计算电解质为水溶液的体系,但不能用于存在水之外的任何其他溶剂或混合溶剂体系。

　　值得注意的是,液相活度系数法的组分标准态逸度为纯液体的逸度。对含有可溶气体并且其浓度很小的系统,使用在无限稀释条件下定义的标准态更方便,该标准态逸度即为亨利常数。亨利定律只和理想模型或活度系数模型一起使用,它用于确定液相中的轻气体和超临界组分的量；任何超临界组分和轻气体（CO_2、N_2

等)都应该说明为亨利组分(位于 Properties|Components|Henry Comps 标签下);亨利组分列表 ID 应该在 Properties | Methods | Specifications | Global | Henry Components 中,或在 Block|相应模块|Block Options 页面输入。

经验技巧

● 对在低压下含有可溶气体并且其浓度很小的系统,使用亨利定律。

● 对在高压下的非理想化学系统,用灵活的、具有预测功能的状态方程;也可采用活度系数模型与状态方程相结合的物性方法,如 NRTL－RK 模型等,这样可弥补各自的不足。

3.2.4　特殊模型

针对一些特殊的体系,Aspen Plus 有专门的物性方法。例如,固体物性方法(SOLIDS)就是专门为固体加工过程设计的,包括冶金、煤炭加工和其他固体加工过程。Aspen Plus 常用的特殊模型见表 3－3 所列。

表 3－3　Aspen Plus 常用的特殊模型

方法	K 值计算方法	应用
AMINES	Kent－Eisenberg amines model	MEA、DEA、DIPA、DGA 中 H_2S、CO_2 等过程
APISOUR	API sour water model	带有 NH_3、H_2S、CO_2 的废水处理
BK－10	Braun K－10	石油
SOLIDS	Ideal Gas/Raoult's law/Henry's law / solid activity coefficients	冶金、煤炭加工和其他固体加工过程
CHAO－SEA	Chao－Seader corresponding states model	石油
GRAYSON	Grayson－Streed corresponding states model	石油
STEAM－TA	ASME steam table correlations	水或蒸汽

3.2.5　物性方法选择原则

在使用 Aspen Plus 模拟软件进行流程模拟时,用户定义了一个流程以后,模拟软件一般会自行处理流程结构分析和模拟算法方面的问题,而热力学模型的选择则需要用户做决定。流程模拟中几乎所有的单元操作模型都需要热力学性质的计算,迄今为止,还没有一个热力学模型能适用于所有的物系和所有的过程。流程模拟中要用到多个热力学模型,热力学模型能否恰当选择和正确使用决定着计算结果是否准确、可靠和能否模拟成功。

物性方法和热力学模型的选取方法主要有两种:

(1)由物系特点及操作温度、压强等条件进行经验选取。一般而言,对于常见的烃类如烷、烯、芳香族、无机气体(如 O_2、N_2)等非(弱)极性的化合物,选用状态方程法;对于极性强的化合物,如水、醇、有机酸体系选用活度系数法。另外对于气相聚合的物质,应选用特别的活度系数法,可以计算气相聚合效应。对于无机电解质体系,选用 ELECNRTL 物性方法。Aspen Plus 物性方法与热力学模型选择参考框架图如图 3-1 所示。

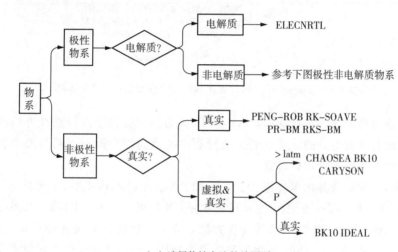

(a)选择物性方法的总原则

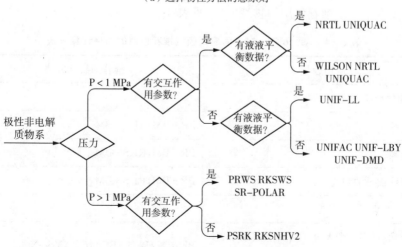

(b)选择极性非电解质系统的物性方法准则

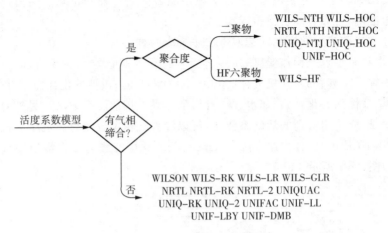

（c）选择活度系数物性方法的准则

图 3-1　Aspen Plus 物性方法与热力学模型选择参考框架图

（2）使用帮助系统进行选择。Aspen Plus 为用户提供了选择物性方法的帮助系统，系统会根据组分的性质或者工业过程的特点为用户推荐不同类型的物性方法，用户可以根据提示进行选择。

以丙烯、苯以及异丙苯体系为例，在进行 Aspen Plus 模拟时，参考图 3-1，分析体系为非极性体系，考虑到其为真实物系，因此可以选择 PENG-ROB、RK-SOAVE、PR-BM、RKS-BM 等物性方法。为了使得物性方法选择更加准确、方便，结果更可靠，Aspen Plus 根据不同体系中物性特点及常用操作方式对不同应用领域及场合给出了推荐使用的物性方法（见表 3-4）。

表 3-4　Aspen Plus 对不同应用领域推荐使用的物性计算方法

应用领域	推荐的物性方法
1. 油和气产品	
储水系统	PR-BM,RKS-BM
板式分离	PR-BM,RKS-BM
通过管线输送油和气	PR-BM,RKS-BM
2. 炼油过程	
低压应用（最多几个大气压）：真空蒸馏塔、常压原油塔	BK10,CHAO-SEA,GRAYSON

（续表）

应用领域	推荐的物性方法
中压应用(最多几十个大气压)：Coker 主分馏器、FCC 主分馏器	CHAO - SEA, GRAYSON, PENG - ROB, RK - SOAVE
富氢的应用：重整炉、加氢器	GRAYSON, PENG - ROB, RK - SOAVE
润滑油单元、脱沥青单元	PENG - ROB, RK - SOAVE
3. 气体加工过程	
烃分离、脱甲烷塔、C3 分离器、深冷气体加工、空气分离	PR - BM, RKS - BM, PENG - ROB, RK - SOAVE
带有甲醇类的气体脱水，酸性气体吸收甲醇(RECTISOL)、NMP(PURISOL)	PRWS, RKSWS, PRMHV2, RKSMHV2, PSRK, SR - POLAR
酸性气体吸收水、氨、胺、胺 ＋ 甲醇(AMISOL)、苛性钠、石灰、热的碳酸盐	ELECNRTL
克劳斯二段脱硫法	PRWS, RKSWS, PRMHV2, RKSMHV2, PSRK, SR - POLAR
4. 石油化工过程	
乙烯装置、初级分馏器	CHAO - SEA, GRAYSON
轻烃、串级分离器、急冷塔	PENG - ROB, RK - SOAVE
芳香族环烃：BTX 萃取	WILSON, NRTL, UNIQUAC 及其变化形式
取代烃：VCM 装置、丙烯腈装置	PENG - ROB, RK - SOAVE
乙醚产品：MTBE、ETBE、TAME	WILSON, NRTL, UNIQUAC 及其变化形式
乙苯和苯乙烯装置	PENG - ROB, RK - SOAVE, WILSON, NRTL, UNIQUAC 及其变化形式
对苯二甲酸	WILSON, NRTL, UNIQUAC 及其变化形式
5. 化学品	
共沸分离：酒精分离	WILSON, NRTL, UNIQUAC 及其变化形式
羧酸：乙酸装置	WILS - HOC, NRTL - HOC, UNIQ - HOC
苯酚装置	WILSON, NRTL, UNIQUAC 及其变化形式
液相反应：酯化作用	WILSON, NRTL, UNIQUAC 及其变化形式

（续表）

应用领域	推荐的物性方法
氨装置	PENG – ROB,RK – SOAVE
含氟化合物	WILS – HF
无机化合物:苛性钠、酸(包括磷酸、硝酸、盐酸)	ELECNRTL
氢氟酸	ENRTL – HF
6. 煤化工过程	
破碎、研磨	SOLIDS
分离和清筛、气旋、沉淀、洗涤	SOLIDS
燃烧	PR – BM,RKS – BM(燃烧物数据库)
酸性气体吸收甲醇（RECTISOL）、NMP（PURISOL）	PRWS, RKSWS, PRMHV2, RKSMHV2, PSRK,SR – POLAR
7. 发电过程	
燃烧:煤、石油	PR—BM,RKS—BM(燃烧物数据库)
蒸汽循环:压缩机、涡轮机	STEAMNBS,STEAM – TA
8. 合成燃料	
合成气	PR – BM,RKS – BM
煤气化	PR – BM,RKS – BM
煤液化	PR – BM,RKS – BM,BWR – LS
9. 环境	
溶剂回收	WILSON,NRTL,UNIQUAC 及其变化形式
取代或烃溶出	WILSON,NRTL,UNIQUAC 及其变化形式
酸性气体吸收甲醇（RECTISOL）、NMP（PURISOL）	PRWS, RKSWS, PRMHV2, RKSMHV2, PSRK,SR – POLAR
酸:汽提、中和反应	ELECNRTL
10. 水和蒸汽	
蒸汽系统:冷却液	STEAMNBS,STEAM. TA
11. 矿物和冶金过程	
机械物理过程:破碎、研磨、筛分、洗涤	SOLIDS
湿法冶金、矿物浸出	ELECNRTL
火法冶金、冶炼厂、转换器	SOLIDS

3.3 物性分析

3.3.1 物性分析定义

在实际化工计算、设计或模拟过程中,我们常常需要根据已有物质物性数据,对其进行纯组分某一物性随外界条件变化关系分析或对混合组分进行二元、三元等多元物系相图分析。例如,在设计混合物的精馏、萃取、反应等工艺过程,或者进行设备选型时,往往需要先了解各组分的汽液平衡、液液平衡关系,以及体系的密度、黏度、蒸汽压等基本性质。这时就要用到物性分析,或者说物性计算的方法。就具体数学计算过程来说,物性计算方法可以采用 Excel、Matlab、MathCAD、Visual Basic(VB)等工具通过用户自行计算。除此之外,Aspen Plus 也为用户提供了物性分析功能(Aspen Plus|Tools|Property Analysis),主要用来分析纯组分、双组分、三元系混合物或某一物流的相关物性,并生成相应的物性图表,验证物性模型和数据的准确性。Aspen Plus 物性分析中可以提供的图表主要分为以下三种:①纯组分,如蒸汽压相对于温度变化的关系图;②二元物系,如 T-x-y,P-x-y 相图;③三元相图。与采用Excel、Matlab、MathCAD 等工具进行计算相比,使用 Aspen Plus 模拟系统进行物性分析更为简便、快速,这也是本章物性分析、物性估算与物性数据回归将重点介绍的。需要注意的是,不管何种物性计算方法,都是以热力学基本原理为基础的。

3.3.2 Aspen Plus 的物性分析

Aspen Plus 系统内置了多种纯组分的物性数据、二元混合物的二元交互数据以及状态方程和活度系数方法,为过程模拟奠定了基础。

1. 纯组分的物性分析

【例 3.1】 已知正丁烷的临界温度 T_c 为 425.2 K,临界压强 P_c 为 3.8 MPa,试求温度为 510 K,压强为 2.5 MPa 时正丁烷的摩尔体积。

解:

(1)运行软件,Run Type 选择 Property Analysis,进入 Data Browser 页面。

(2)在 Data Browser 界面左侧依次点击 Components、Specifications 进入组分设定页面,填写正丁烷的英文名称或分子式中的一项,将会自动出现另一项信息,再添上组分 ID(见图 3-2)。

(3)在 Methods|Specifications 页面选择物性计算方法和模型 Method filter 选择 ALL,Base Method 选择 RK-SOAVE(见图 3-3)。

(4)在 Pure Analysis 进行物性分析设定(见图 3-4)。本例是进行气体的摩尔体积的计算，所以 Property type 选择 Thermodynamic，Property 选择 V（摩尔体积），Units 选择 cum/kmol（即 m³/kmol），Phase 选择 Vapor；将 N－BUT－01 从 Available Components 框移入 Selected Components 框，Temperature（温度）设为 510 K，Pressure（压力）设为 2.5 MPa，点 Run Analysis 进行计算。

图 3－2　Aspen Plus 组分设置

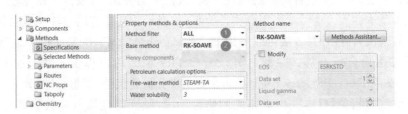

图 3－3　Aspen Plus 物性计算方法与模型设置

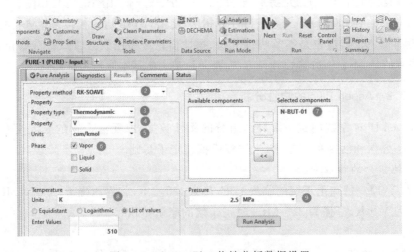

图 3－4　Aspen Plus 物性分析数据设置

（5）计算后将首先出现温度-摩尔体积关系图，因未设定温度范围，只设了一个温度，所以该图为空，关闭此图，选择 Results 即可得到结果（见图 3－5）。计算得到的正丁烷摩尔体积为 1.4864 m³/kmol（图 3－5 中显示为 1.4864 cum/kmol），与实验值的相对误差仅为 0.385%。由于 Aspen Plus 计算中所选择的物性方法是 RK－SOAVE，即 SRK 方程，所以其计算结果也比 R－K 方程计算的结果更精确。

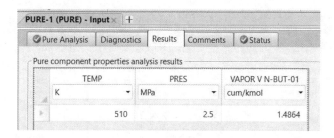

图 3-5 Aspen Plus 物性分析结果

2. 多元体系的物性分析

在实际问题中,往往要对多元体系的物性进行分析,其比纯组分物性分析更为复杂。下面我们以氯仿/丙酮/水三元混合体系为例来说明如何采用 Aspen Plus 物性分析功能对三元体系混合物中各组分性质进行分析。

【例 3.2】 氯仿/丙酮/水三元混合体系,物性方法 NRTL。①分析 20~100 ℃,氯仿蒸汽压与温度的关系;②分析丙酮/水体系在 1 atm 下的汽液平衡关系(1 atm=101.325 kPa);③分析三元体系的液液平衡关系。

解:

(1)选择 Installed Templates 及 Blank Simulation 进入 Aspen Plus,由于水/氯仿为不互溶体系,会形成双液相。因此,在 Setup 中指定 Valid phases 为Vapor-Liquid-Liquid(见图 3-6)。

图 3-6 指定有效的相态

(2)输入氯仿、水、丙酮组分(见图 3-7),选择物性方法为 NRTL 模型,在 Methods|Parameters|Binary Interaction 中可以查看二元交互参数。

(3)分析 20~100 ℃,氯仿蒸汽压与温度的关系。

在 Home 页面点击右上角 Analysis|Pure,生成纯组分分析项目 Pure-1,物性类型选择 Thermodynamic(热力学),要分析的物性选择 PL(纯组分蒸汽压),压力单位选择 kPa,相态选择 Liquid,温度单位选择 C(摄氏度),温度范围为 20~100 ℃,生成 41 个点;组分选择 CHLOR-01,物性自动按 NRTL 模型计算(见图3-8)。

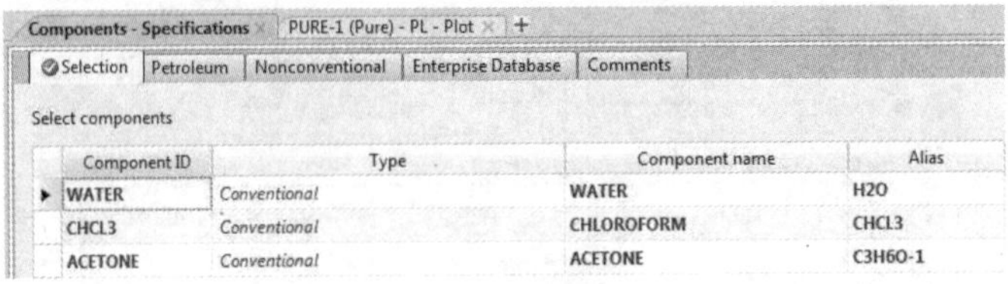

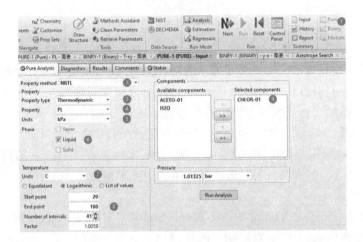

图 3-7　输入各组分

图 3-8　进入纯组分物性分析系统

点击图 3-8 显示界面中右下方 Run Analysis 按钮，可得氯仿蒸汽压随温度变化曲线（见图 3-9）。

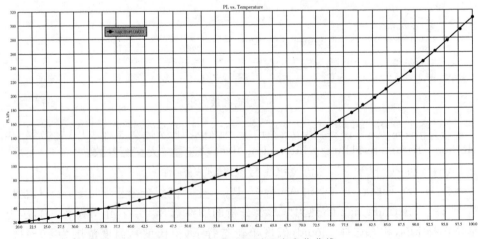

图 3-9　氯仿蒸汽压随温度变化曲线

点击图 3-8 显示界面中状态栏 Results，可以查看氯仿蒸汽压数据（见图 3-10）。

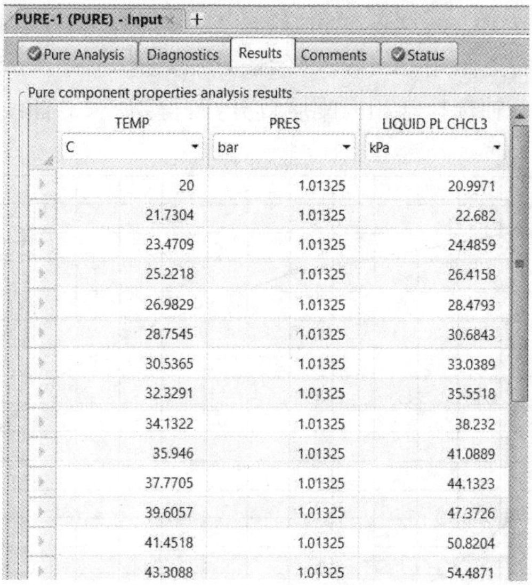

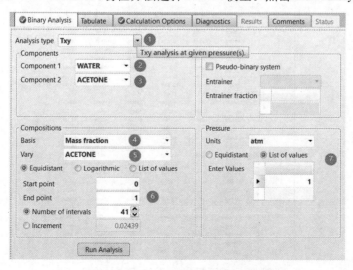

图 3-10　氯仿蒸汽压数据

（4）分析丙酮/水在 1 atm 下的气液平衡关系。

在 Home 页面点击右上角 Analysis|Binary，进入双组分分析项目 BINARY-1 页面（见图 3-11），Analysis type 选择 Txy（温度/液/气组成，注意浮框提示）、Components 选择水（WATER）/丙酮（ACETONE）双元体系、Basis 选择 Mass fraction（质量分数），Vary 选择 ACETONE（丙酮），范围为 0～1，共 41 个点，压力单位选择 1 atm（1 atm＝101.325 kPa），物性方法选择 NRTL 模型。点击 Run Analysis 按钮，即

图 3-11　T-xy 物性分析参数设置

可得到 $T-xy$ 曲线(见图 3-12)。点击 Results,可以看到 $T-xy$ 数据(见图 3-13)。也可根据需要,窗口右上角用 Plot|$y-x$ 绘图,或者选择 Plot|Cumtom 绘图,X 轴选择液相丙酮质量分数,Y 轴选择气相丙酮质量分数,得到 $y-x$ 曲线(见图 3-14)。

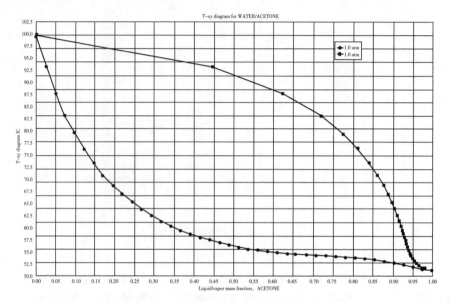

图 3-12 丙酮/水体系 $T-xy$ 曲线

PRES	MASSFRAC ACETONE	TOTAL TEMP	TOTAL KVL WATER	TOTAL KVL ACETONE	LIQUID1 GAMMA WATER	LIQUID1 GAMMA ACETONE
atm		C				
1	0	100.018	1	31.7239	1	8.61565
1	0.0243902	94.0903	0.806429	25.9624	1.00014	8.24014
1	0.0487804	89.1785	0.670847	21.6927	1.00057	7.86771
1	0.0731707	85.0699	0.572787	18.4459	1.00134	7.50341
1	0.0975609	81.5989	0.4998	15.9167	1.00248	7.15001
1	0.121951	78.6389	0.444115	13.9034	1.00403	6.8089
1	0.146342	76.0936	0.400736	12.2699	1.00602	6.48063
1	0.170732	73.8888	0.366355	10.9223	1.00852	6.16529
1	0.195122	71.9674	0.338723	9.79413	1.01155	5.86269
1	0.219512	70.2847	0.316271	8.8375	1.01519	5.57251
1	0.243902	68.805	0.29788	8.01713	1.0195	5.29433
1	0.268293	67.4999	0.282736	7.30657	1.02453	5.02773
1	0.292683	66.3463	0.270241	6.68568	1.03038	4.77227
1	0.317073	65.3251	0.259944	6.13884	1.03714	4.52752
1	0.341463	64.4208	0.251507	5.65382	1.0449	4.29308
1	0.365854	63.62	0.24467	5.2209	1.05378	4.06855
1	0.390244	62.9116	0.239238	4.83226	1.06393	3.85357
1	0.414634	62.286	0.235063	4.48156	1.07551	3.64779
1	0.439024	61.7348	0.232036	4.16361	1.08868	3.45089
1	0.463415	61.2508	0.230078	3.8741	1.10368	3.26257
1	0.487805	60.8274	0.22914	3.60946	1.12077	3.08256
1	0.512195	60.4586	0.229195	3.36669	1.14023	2.91058
1	0.536585	60.1392	0.23024	3.14325	1.16244	2.7464
1	0.560976	59.8639	0.232294	2.93698	1.18784	2.58981
1	0.585366	59.6279	0.2354	2.74606	1.21695	2.44058
1	0.609756	59.4264	0.239626	2.56889	1.25044	2.29854
1	0.634146	59.2545	0.245071	2.40414	1.2891	2.16353
1	0.658537	59.1073	0.251866	2.25063	1.33395	2.03539

图 3-13 丙酮/水体系的 $T-xy$ 数据

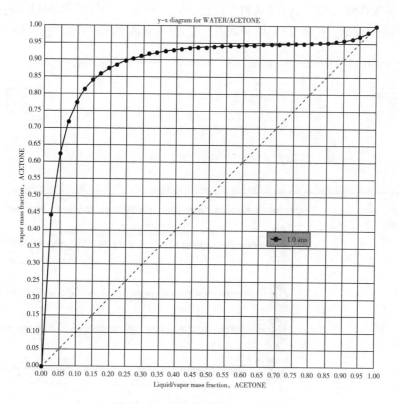

图 3 - 14　丙酮/水体系 y - x 曲线

（5）分析三元体系的共沸组成。

从窗口顶部右侧 Analysis | Ternary Diag 进入三元体系分析系统，弹出如图 3 - 15所示的对话框，点击 Find Azeotropes 寻找共沸物。

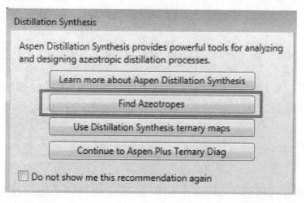

图 3 - 15　点击第二项寻找共沸物

选择 WATER 、ACETONE、CHCl3 三元体系,默认 101325N/SQM(1 atm),选择 VAP－LIQ－LIQ 三相体系(氯仿与水不互溶,会形成两个液相)(见图 3－16)。

图 3－16　设定三元体系物性分析参数

点击 Report 即有共沸组成、温度等信息(见图 3－17)。

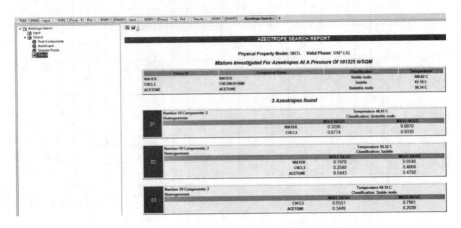

图 3－17　水/丙酮/氯仿三元体系共沸物搜索结果

点击 Azeotropes 可以看三个共沸点的温度、组成汇总等数据信息(见图3－18)。

图 3－18　水/丙酮/氯仿三元体系共沸组成

由例 3.2 可以看出,Aspen Plus 软件不仅可以计算纯组分物性分析,还可实现多元体系的物性分析。因此,Aspen Plus 是进行物性分析的强有力工具。

3.4　物性估算

物性估算就是利用热力学、统计力学、分子结构和分子物理性质的理论知识进行关联,以便在一定的范围内,以少量可靠的实验数据为基础,推算出具有一定精度(工程允许的误差范围)的各种物质的物性数据,如纯组分的物性常数,与温度相关的模型参数,NRTL、UNIQUAC 等方法的二元交互作用参数,UNIFAC 方法的基团参数等。由于物质种类繁多,有些物质的物性也很难通过普通实验测得,如临界温度之前就以分解物质的临界参数测定,因此很多物质没有实验测定的物性参数。有些物质特别是混合物的物性,又缺乏必要的参数进行物性回归,这个时候可以利用物性估算的方法估算物性数据。

3.4.1　物性估算常用方法

要估算某物质在一定条件下的某一物性数值,首先要寻找物质的这一性质与表征物质所在条件的参数间的函数关系。目前,寻找这种函数关系的途径主要有两种。

1. 完全经验法

完全经验法是将实验所得到的数据整理成方程式,应用时按方程式计算即可。完全经验法所得的方程式的适用范围受原来实验数据的限制,也就是说方程式的使用范围不能超出用于拟合该方程的实验数据范围之外,而且要求用来整理方程的原始数据有足够的数量和可靠性。

2. 半经验半理论法

半经验半理论法是用理论推导出方程式,然后实验求出方程式中的常数。由于有理论依据,故所得的方程式更合理且具有一定的普遍性,加上有实验数据加以充实,所以得到的方程式更加符合实际和可靠。目前,半经验半理论法被广泛使用。

半经验半理论法采用的方式大体上有三种:

(1)对理想体系加以校正。

(2)对比状态原理法。对比状态原理认为,对比压强、对比温度都相同的任何两种物质都有相同的体积。对于均相纯物质,尽管物质所处的温度、压强可以不同,但只要它们处于相同的对比状态,则所有物质都表现出相同的对比性质。对比状态法以 PVT 关系为基础,是处理 PVT 关系及相应热力学性质计算的基本方法,其简单易用,主要用于估算气体的黏度、导热系数、扩散系数、热容、焓、熵等。该法主要问题是过于依赖临界参数,而至今具有临界参数的物质只略多于 1000 种,因此,对于缺乏临界参数的化合物,对比状态法是难以使用的。

(3)基团贡献法。基团贡献法(简称"基团法")是把物性与分子的基团结构相联系的方法。其基本假定是纯物质或混合物的物性等于构成此物质或混合物的各种基团对于此物性贡献值的总和。也就是说,基团贡献法假定在任何体系中,同一种基团对某个物性的贡献值都是相同的。基团贡献法的理念是分子的性质通常由其构成元素所贡献,包括原子性质(原子贡献)、原子之间键型(键贡献)、原子团及其键型(基团贡献)。基团贡献法的优点是它具有最大的通用性。以周期表中100多个元素所组成的双原子分子就超过3000种,三原子分子有几十万种,只以C和H组成的有机烃类化合物有工业意义的就超过万种,由这些分子构成的混合物更是难以计数,要通过实验取得这么多纯物质或混合物的全部物理和化学性质几乎是不可能的。但是,构成常见有机物的基团仅100多种,因此若能利用已有的一些物性实验数据来确定为数不多的基团对各种物性的贡献值,就可以再利用它们去预测无实验值物系的物性值。基础物性数据(如临界参数)通常用基团贡献法。蒸汽压数据通常用Antoine方程或其改进型,Antoine常数也可以用基团贡献法估算。

不论哪一种估算法,通常要求其至少在一定范围内能同时适用于多种物质,即要求有一定的通用性,当将这种方法用于某一待估物性时,只要按要求输入体现该物质特性的参数,便能计算出物性值。物质的特性参数通常有两种:一种是以分子结构为基础的基团结构参数;另一种是其值普遍易得的某种特定状态下的性质,如临界参数、临界压缩因子、偏心因子、正常沸点、势能参数等。

上述物性估算方法的详细原理及数学计算过程已在化工热力学相关教材中进行了详细介绍与学习,本书更关注如何应用化工热力学基础知识,通过Aspen Plus模拟软件系统工具进行物性估算。

3.4.2　Aspen Plus的物性估算

Aspen Plus中的物性估算系统(Property Estimation)可以估算物性模型中的许多参数,其物性估算以基团贡献法和对比状态相关性为基础,可以估算纯组分的物性常数,与温度相关的模型参数,Wilson、NRTL以及UNIQUAC方法的二元交互作用参数以及UNIFAC方法的基团参数。此外,在用Aspen Plus自身数据库或进行物性估算过程中也可以把实验数据引入其中。Aspen Plus软件系统是进行物性分析、物性估算的有力工具,由于自身强大的数据库、物性方法及热力学模型,所计算的结果准确度较高。对于Aspen Plus软件数据库中没有物性的物质,物性估算不失为一种可行的方法。在无法简便计算物性数据的情况下,利用Aspen Plus软件本身的物性估算功能与已知物性参数或者结合实验数据进行物性参数估算,是一种很好的方法,其可靠性有一定的保证,计算精度通常可以满足工程设计的需要。

使用Aspen Plus软件进行物性估算的一般步骤如下:

(1)在Properties|Molecular Structure窗口上定义分子结构。

(2)利用Parameters或Data窗口输入实验数据。

(3)在Properties|Estimation|Input窗口上激活Property Estimation选择物

性估算选项。

需要注意的是,当要估算物性参数时,Home 窗口右上角的 Run Mode 原则上应选择 Estimation,且在 Estimation|Input 选择 Estimate all missing parameters;当已经估算好物性参数,需要进行物性计算、流程模拟或其他计算时,Run Mode 应 选 择 Analysis 或 其 他,且 Estimation | Input 应 选 择 Do not estimate any parameters。

图 3 - 19(a)为异丁醇的分子结构,忽略 H 原子给 C、O 原子编号后如图 3 - 19(b)所示。在 Aspen Plus 中则按如图 3 - 20 所示格式录入,用 Number 表示相连原子。

（a）结构　　　　（b）编号

图 3 - 19　异丁醇的分子结构以及各原子编号

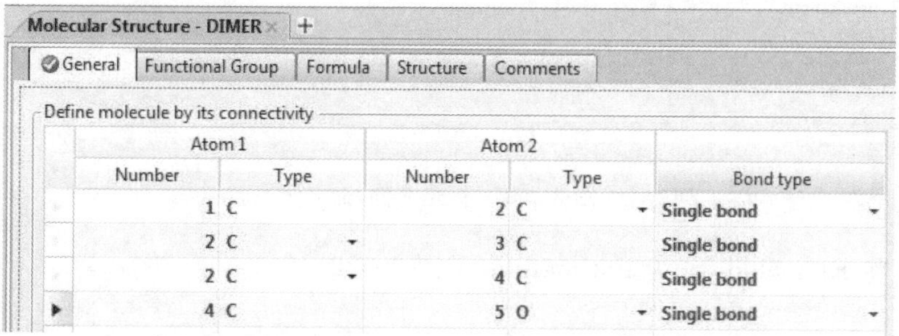

图 3 - 20　Aspen Plus 中录入分子结构

下面结合实例详细介绍如何利用 Aspen Plus 系统进行纯组分物性参数(包含基本物性参数和与温度相关的物性参数)以及二元交互作用参数物性常数的估算。

【例 3.3】　二甘醇乙醚分子式为(CH_3—CH_2—O—CH_2—CH_2—O—CH_2—CH_2—OH),是二聚物,沸点(TB)为 195 ℃,它不是 Aspen Plus 数据库中自带的组分,因此无法查到其物性参数,试通过 Aspen Plus 估算该组分物性。

解:

(1)基本物性参数(与温度无关)的估算。

二甘醇乙醚为非库组分,其临界温度、临界压强、临界体积和临界压缩因子及理想状态的标准吉布斯自由能、标准生成热、蒸汽压、偏心因子等一些参数都很难查询到,根据已知的标准沸点 TB,可以使用 Aspen Plus 软件的 Estimation|Input|Pure Component 对纯组分物性的这些参数进行估算。

Aspen Plus 软件估算物性基本操作步骤如下：① 在 Data 菜单中选择 Properties；② 在 Data Browser Menu 左屏中选择 Estimation，然后选 Input；③ 在 Setup 表中根据需求选择 Estimate all missing parameters（估算所有缺失参数）或 Estimate only the selected parameters（仅估算选中的参数）；④ 若选择 Estimate only the selected parameters，随后在 Pure Component 页中选择要用 Parameter 列表框估算的参数；⑤ 在 Component 列表框中选择要估算所选物性的组分，如果为多组分估计，选择物性可单独选择附加组分或选择 All（估算所有组分的物性）；⑥ 在每个组分的 Method 列表框中选择要使用的估算方法。

具体估算操作过程如下：

① 新建文件，在 Data 菜单选择 Setup|Specifications 并命名，注意命名尽量不使用中文，否则会导致计算崩溃（见图 3-21）。

图 3-21　新建文件，命名

② 将 Run Mode 改为 Estimation（见图 3-22）。

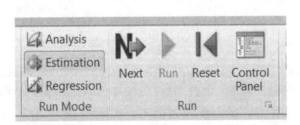

图 3-22　Run Mod 设定为 Estimation

③ 在 Components|Specifications|Selection 页面输入二甘醇乙醚组分，将其 Component ID（组分标识符）输入为 DIMER（见图 3-23）。

④ 在 Components|Molecular Structure 页面选择 DIMER，输入其结构（见图 3-24）或者在 Structure and Functional Grop 页面下绘制结构（见图 3-25）。

⑤ 转到 Methods|Parameters|Pure Component 页面，点击 New 创建一个标量参数 TB，选择 Scalar。

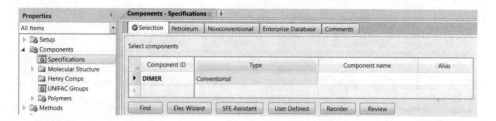

图 3 - 23　新建非数据库组分 ID(DIMER)

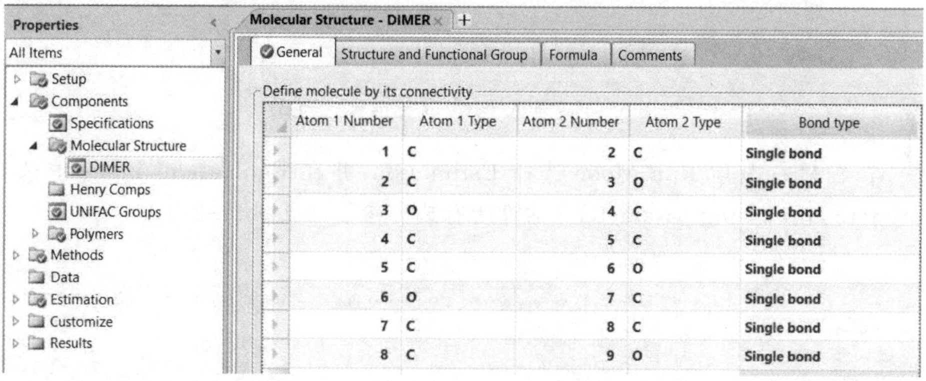

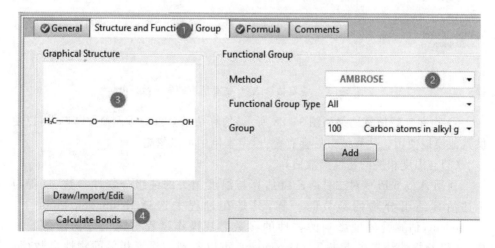

图 3 - 24　输入 DIMER 分子结构

图 3 - 25　计算 DIMER 的键能

⑥ 输入 DIMER 的标准沸点(TB)195 ℃(见图 3-26)。此处只有 TB 为必须输入参数,但在实际模拟估算过程中,输入的参数信息越详细越好。

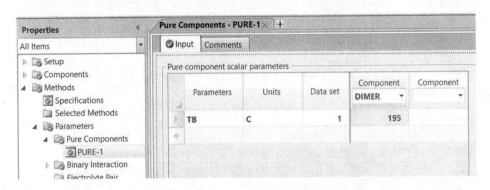

图 3-26　输入 DIMER 标准沸点(TB)

⑦ 窗口右上角 Run Mode 选择 Estimation,并在 Estimation | Input 中选择 Estimate all missing parameters(估算所有缺失参数)(见图 3-27)。

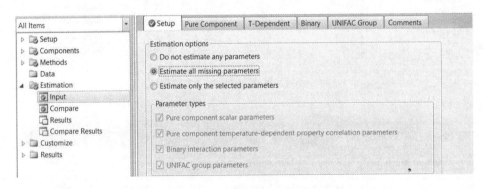

图 3-27　设定估算选项(估算所有缺失参数)

⑧ 物性参数估算结果如图 3-28 所示,估算结果会自动写入参数窗口中,以便供其他模拟使用。估算结束后会有警告,但本例中可以忽略。

(2)与温度相关的物性参数估算。

利用 Aspen Plus 对二甘醇乙醚估算与温度相关的纯组分物性参数,过程与上述估算纯组分物性参数时一样,只是在过程中选择 Estimation Input T-Dependent,估算受温度影响的物性的参数。其操作过程与纯组分物性参数一样,在组分物性结果中点击 T-Dependent,可以看到与温度相关的物性参数(见图 3-29)。

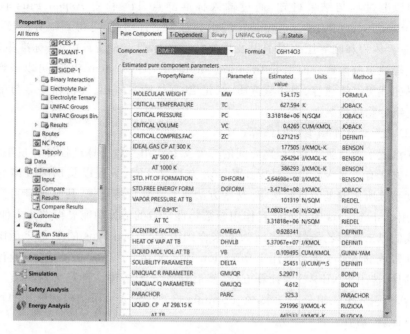

图 3-28　物性参数估算结果

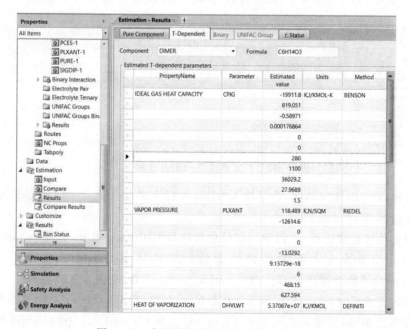

图 3-29　与温度相关的物性参数估算结果

由以上过程与结果可知,通过输入标准沸点 TB,利用 Aspen Plus 软件的 Estimation|Input|Pure Component 纯组分常量估计功能,可得到临界温度、临界压强、临界体积和临界压缩因子以及理想状态的标准吉布斯自由能、标准生成热、蒸汽压等纯组分参数。而用 Estimation|Input|T‑Dependent 功能,可以得到二甘醇乙醚的理想气体热容、饱和蒸汽压、汽化焓、气体摩尔体积、气相黏度等与温度相关的纯组分物性参数。

(3)二元交互作用参数的估算。

在汽液平衡计算过程中,物质间的二元交互作用参数手算过程计算量很大,通常用的方法有二元 VanLaar 方程、Wilson 方程、NTRL 方程以及预测液体混合物的活度系数所用的基团贡献法等,这些方法所需计算量特别大,甚至很难得到。此时,利用 Aspen Plus 的二元交互作用参数物性常数的估算功能显得尤为方便。

我们以二甘醇乙醚的水溶液为例来详细说明 Aspen Plus 的二元交互作用参数物性常数的估算功能。使用 Estimation Binary Input(估计二元输入)进行二元参数估计,选用 UNIFAC 为计算方法,然后输入分子结构。自定义新物质二甘醇乙醚后,再引入第二组分——水,在 Formula 标签中输入分子结构和已知的物性常数,进行模拟估算。

具体过程结合上文纯组分估算过程进行说明,与纯组分不同,在组分信息输入过程中,除了输入非数据库组分 DIMER 外,还需输入第二组分水相(H_2O)(见图 3 - 30)。

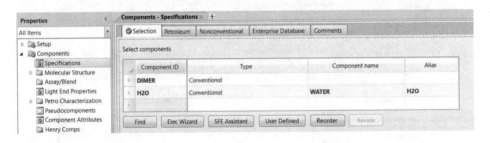

图 3 - 30   二元组分 ID(DIMER 和 H_2O)

在沸点(TB)输入步骤,除了输入 DIMER 标准沸点(195 ℃)外,还需输入 H_2O 的沸点(100 ℃)(见图 3 - 31)。

设定估算选项过程,不同于纯组分估算选择 Estimate all missing parameters,估算二元组分交互作用参数物性常数时需选择 Estimate only the selected parameters,子菜单选择 Binary interaction parameters(见图 3 - 32)。

设定完成后,转入 Binary 页面,单击 New 新建,在 Parameter 项中选择要估计的方程参数类型,并输入二元组分 Componet i 和 Componet j,在 Method 列表框中选择要使用的估算方法 UNIFAC(见图 3 - 33)。

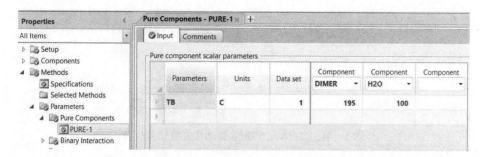

图 3 - 31　二元组分沸点(TB)输入

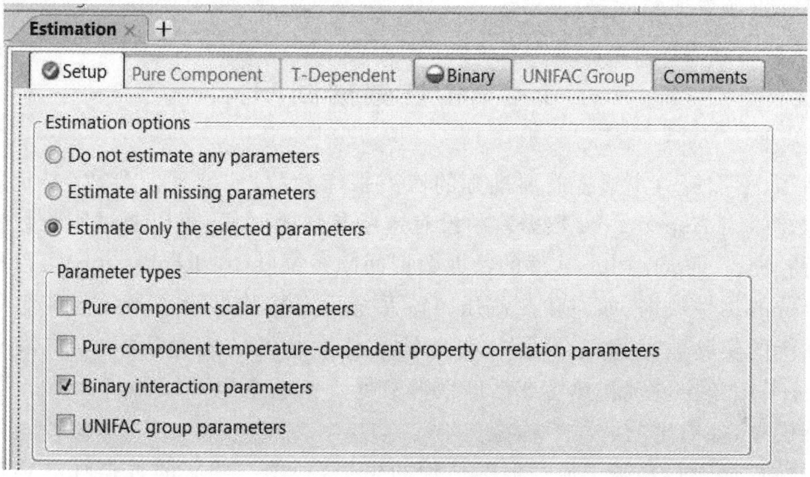

图 3 - 32　设定估算选项

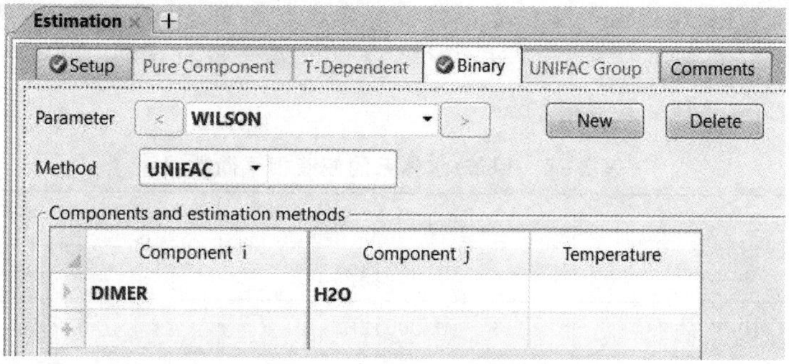

图 3 - 33　二元交互参数估算设定

运行该估算,得到估算结果(见图 3 - 34)。

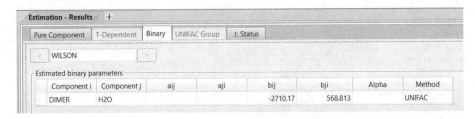

图 3-34　二元交互作用参数物性常数估算结果

从例 3.3 可以看出，在二甘醇乙醚水溶液中，利用 Aspen Plus 软件的 Estimation Binary Input(估算二元输入)可以完成指定方程二元参数的估算，而且计算过程也显得比较容易。

3.5　物性数据回归

精馏、萃取等分离过程需要准确的汽液平衡参数、液液平衡参数(二元交互参数)等数据，当 Aspen Plus 数据库中没有这些参数的时候，可以通过实验数据回归来进行补充。Aspen Plus 软件的物性数据回归系统(Data Regression)可以拟合多种纯组分的物性数据，如饱和蒸汽压。该系统可以将物性模型参数与纯组分或多组分系统的实验数据相拟合，用户可以输入任意物性的实验数据，如汽液平衡数据、液液平衡数据、密度、热容或活度系数数据。该系统也可以回归 Aspen Plus 中的物性模型，如电解质和用户模型。

物性数据回归是基于最大似然估计的思想，利用原始实验数据计算物性模型中的参数，它可以处理多种数据类型，并且可以同时回归多种类型的参数。

下面结合实例详细介绍如何利用 Aspen Plus 进行物性数据回归。

【例 3.4】　利用甲苯与水体系的液液相平衡数据回归 VanLaar 方程中的二元交互作用参数 A_{ij} 和 A_{ji}，甲苯/水体系的液液相平衡数据见表 3-5 所列，所有数据是在压力为 0.1 MPa 下测得的。

表 3-5　甲苯/水体系的液液相平衡数据

温度/℃	摩尔分数 X_1	摩尔分数 X_2
0	0.000142	0.999891
10	0.000128	0.999844
20	0.000113	0.999784
25	0.000106	0.999763

解：

（1）启动 Aspen Plus 软件，新建文件选择 General with Metric Units，注意运行类型（Run Type）选择数据回归（Date Regression）。将文件保存为Example3.4 - Data Regression. bkp。

（2）进入 Setup | Specifications | Global 页面，在名称（Title）框中输入 Data Regression。

（3）进入 Components | Specifications | Selection 页面，输入组分水（H_2O）、甲苯（TOLUENE）。

（4）进入 Methods | Specifications | Global 页面，选择物性方法，由于拟合的是 VanLaar 方程中的参数，所以选择基于 VanLaar 的物性方法 VANL - RK。

（5）点击 Next，出现信息提示对话框，提示输入待回归的数据。

（6）点击确定，进入 Properties | Data 页面，点击 New，采用默认标识 D - 1，选择类型为混合物 MIXTURE（见图 3 - 35）。

（7）点击 OK，在 Properties | Data | D - 1 | Setup 页面设置数据类型（Data Type）为 TXX，选择有效组分为甲苯和水，此处选择组分的顺序与后面的数据输入有很大关系。由于已知的为水的摩尔分率数据，所以选择有效组分时，先选择水（H_2O），后选择甲苯（TOLUENE）（见图 3 - 36）。

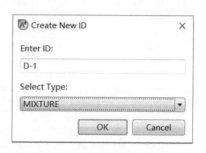

图 3 - 35　Aspen Plus 创建新的数据回归界面

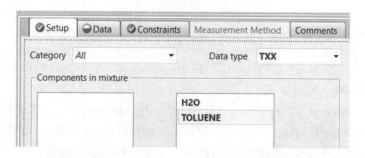

图 3 - 36　Aspen Plus 物性数据回归定义数据类型界面

（8）进入 Properties | Data | D - 1 | Date 页面，输入实验数据。上一步中首先选择水作为有效组分，本步中输入的数据即为水的摩尔分率，反之则需输入甲苯的摩尔分率（见图 3 - 37）。

（9）点击 Next，出现 Regression Cases Incomplete 对话框，选择 Specify the
data regression cases，点击 OK，进入 Properties|Regression 页面，点击 New，建立
新的回归，采用默认标识 DR－1，点击 OK，进入 Properties|Regression|DR－1|
Input|Setup 页面，设置要回归的物性方法以及数据来源（见图 3－38）。

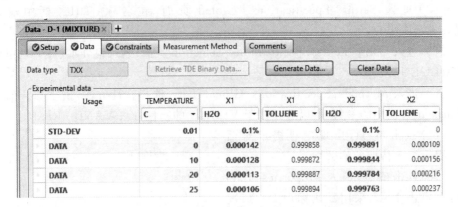

图 3－37　Aspen Plus 物性数据回归输入实验数据界面

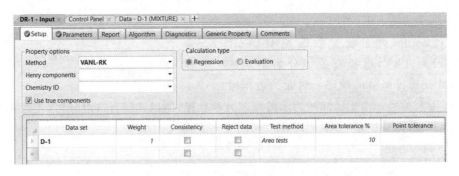

图 3－38　Aspen Plus 物性数据回归设定数据回归界面

（10）点击 Next，进入 Properties|Regression|DR－1|Input|Parameters 页面，
输入要回归参数（见图 3－39）。

（11）点击 Next，出现 Required Properties Input Complete 对话框，选择 Go to
next required input setup，点击 OK，提示是否运行模拟，点击确定，出现如图 3－40
所示的对话框，选择要运行的数据回归 R－1，点击 OK，运行模拟。

（12）进入 Results 查看结果，由左侧数据浏览窗口 Properties|Regression|
DR－1|Results，在 Parameters 页面可查看回归结果及标准差。在 Residual 页面
查看残差，在 Profiles 页面查看所有的数据，可以将实验数据与回归拟合数据进行
对比（见图 3－41）。

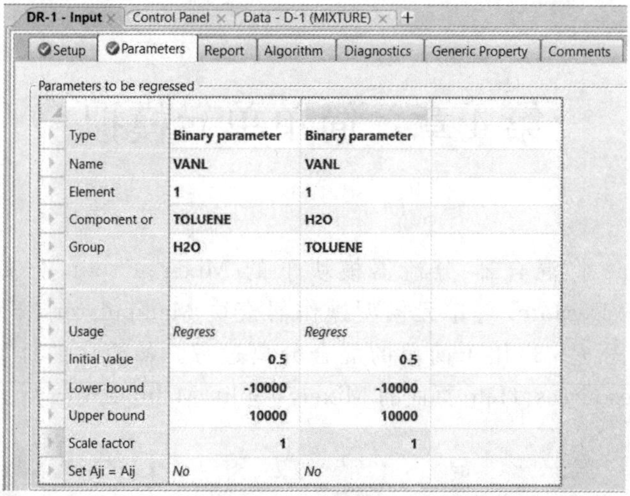

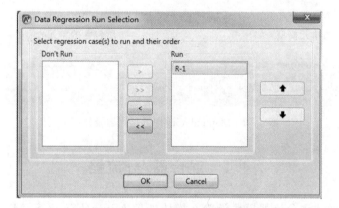

图 3 - 39　Aspen Plus 物性数据回归定义回归参数界面

图 3 - 40　Aspen Plus 物性数据回归选择回归数据界面

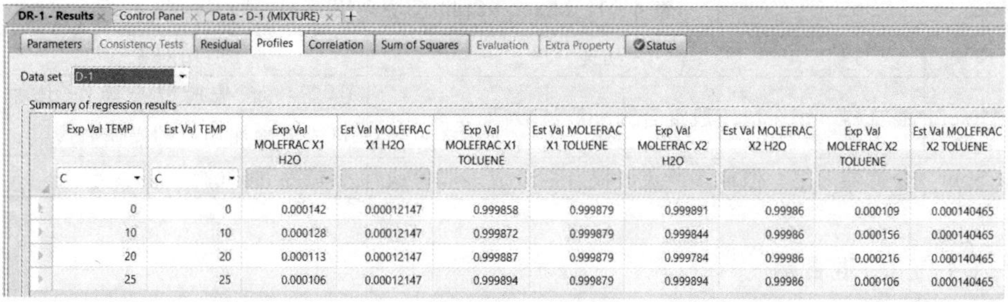

	Exp Val TEMP	Est Val TEMP	Exp Val MOLEFRAC X1 H2O	Est Val MOLEFRAC X1 H2O	Exp Val MOLEFRAC X1 TOLUENE	Est Val MOLEFRAC X1 TOLUENE	Exp Val MOLEFRAC X2 H2O	Est Val MOLEFRAC X2 H2O	Exp Val MOLEFRAC X2 TOLUENE	Est Val MOLEFRAC X2 TOLUENE
	C	C								
	0	0	0.000142	0.00012147	0.999858	0.999879	0.999891	0.99986	0.000109	0.000140465
	10	10	0.000128	0.00012147	0.999872	0.999879	0.999844	0.99986	0.000156	0.000140465
	20	20	0.000113	0.00012147	0.999887	0.999879	0.999784	0.99986	0.000216	0.000140465
	25	25	0.000106	0.00012147	0.999894	0.999879	0.999894	0.99986	0.000106	0.000140465

图 3 - 41　Aspen Plus 物性数据回归 Profiles 数据

第4章 简单单元模拟

Aspen Plus 将混合器/分流器模块下的 Mixer、FSplit，分离器模块下的 Flash2、Flash3、Decanter 等单元模型操作器模块 Manipulators 下的 Mult、Dupl（见图 4-1～图 4-3）用于简单的混合分离过程。各模块的详细介绍可通过 Simulation|Resources|Help 页面的 Mixer/FSplit、Manipulators 等索引找到。

图 4-1 Mixer/FSplit
所包含的单元模型

图 4-2 Separators
所包含的单元模型

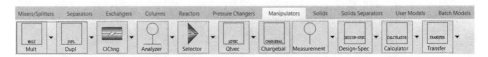

图 4-3 Manipulators 中的倍增器及复制器

4.1 混合器/分流器

混合器模块和分流器模块设置在模块选项 Mixer/FSplit 下，Mixer/FSplit 模块介绍见表 4-1 所列。

表 4-1 Mixer/FSplit 模块介绍

模块	说明	功能	适用对象
Mixer	混合器	把多股流股混合为一股流股	混合三通、流股混合操作、增加热流或增加功流的操作
FSplit	分流器	把一股或多股流股混合后分成多股流股	分流器、排气阀

4.1.1 混合器

混合器 Mixer 模块可将多股流股混合为一股流股，流股的类型包括物流、能流和功流，但一台混合器只能混合成一类流股。

混合器模块至少有两股入口流股,一股出口流股。当混合物流时,该模块提供一个可选的水倾析(Water Decant)物流接口。当混合物流或功流时,混合器模块不需要任何工艺规定。当混合物流时,用户可以指定出口压力或压降,如果用户指定压降,该模块将会以最低进料物流压力计算出出口压力;如果用户没有指定出口压力或压降,该模块使用最低进料物流压力作为出口压力。另外,用户指定出口物流的有效相态(Vaild Phases)进行计算。

【例 4.1】 将两股物流混合,进料 FEED1 由水(H_2O)与甲醇(CH_3OH)组成,流量分别为 10 kmol/h、20 kmol/h,温度为 40 ℃,压力为 0.1 MPa。饱和液体(气相分数为 0)进料 FEED2 由水(H_2O)和乙醛(C_2H_4O)组成,流量分别为 180 kg/h、440 kg/h,压力为 0.1 MPa,计算混合后产品物流的温度、压力及各组分含量。物性方法采用 CHAO – SEA。

解:

(1)启动 Aspen Plus,进入 File | New | User 页面,选择模板 General with Metric Units,将文件保存为 Example4.1 – Mixer.bkp。

(2)进入 Components | Specifications | Selection 页面,输入组分 H_2O(水)、CH_3OH(甲醇)、C_2H_4O(乙醛)。注意:由于乙醛有同分异构体环氧乙烷,因此此处需要点击 Find,并输入 C2H4O,点击 Find Now,可发现有 C2H4O – 1 以及 C2H4O – 2,从组分名称 Compound name 单击乙醛 ACETALDEHYDE,之后点击添加组分 Add selected compounds,点击关闭 Close(见图 4 – 4)。组分输入完成如图 4 – 5 所示。

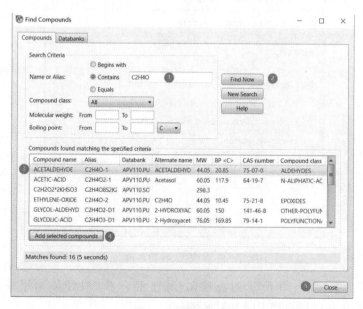

图 4 – 4 查找组分

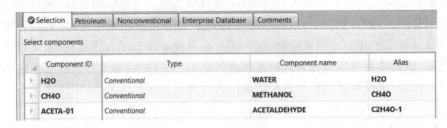

图 4-5 输入组分

（3）点击 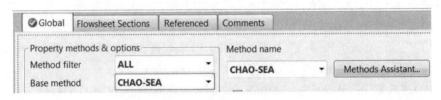，进入 Methods | Specifications | Global 页面，物性方法选择 CHAO-SEA（见图 4-6）。

图 4-6 选择物性方法

（4）点击 Next，弹出 Properties Input Complete 对话框，选择 Go to Simulation environment，点击 OK 按钮，进入模拟环境（见图 4-7）。

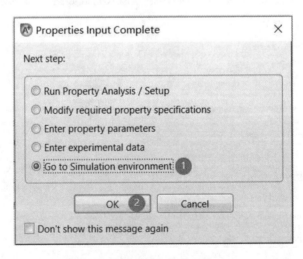

图 4-7 转入模拟环境

（5）建立如图 4-8 所示的流程图，其中混合器 MIXER 选用模块选项中 Mixers/Splitters | Mixer | TRIANGLE 图标。

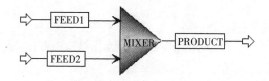

图 4-8　混合器 MIXER 流程图

（6）点击 ，进入 Streams|FEED1|Input|Mixed 页面，输入物流 FEED1 数据（见图 4-9）。物流 FEED2 数据采用质量流率输入（见图 4-10）。

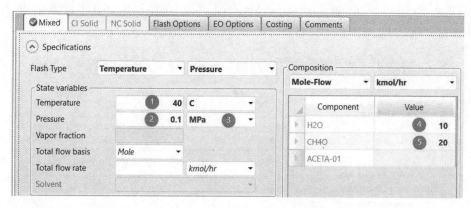

图 4-9　输入物流 FEED1 数据

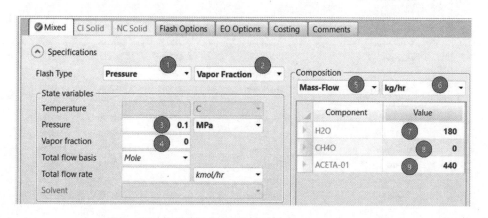

图 4-10　输入物流 FEED2 数据

（7）进入 Blocks|Input|Flash Options 页面，设置模块 MIXER 闪蒸选项，本例采用缺省值（见图 4-11）。

（8）点击 ，弹出 Required Input Complete 对话框，点击 OK 按钮，运行模拟，

流程收敛。

图 4 - 11　设置模块 MIXER 闪蒸选项

(9)进入 Results Summary|Streams|Material 页面,查看 PRODUCT 的温度、压力及各组分流量(见图 4 - 12)。

	Units	FEED1	FEED2	PRODUCT
— MIXED Substream				
Phase		Liquid Phase	Liquid Phase	
Temperature	C	40	-17.8455	-18.0927
Pressure	bar	1	1	1
Molar Vapor Fraction		0	0	0.171283
Molar Liquid Fraction		1	1	0.828717
Molar Solid Fraction		0	0	0
Mass Vapor Fraction		0	0	0.260872
Mass Liquid Fraction		1	1	0.739128
Mass Solid Fraction		0	0	0
Molar Enthalpy	kcal/mol	-61.0166	-58.4594	-59.9944
Mass Enthalpy	kcal/kg	-2229.61	-1883.85	-2080.84
Molar Entropy	cal/mol-K	-63.9404	-74.8202	-66.3077
Mass Entropy	cal/gm-K	-2.33645	-2.41108	-2.29981
Molar Density	kmol/cum	29.4977	28.2331	0.282688
Mass Density	kg/cum	807.25	876.127	8.1504
Enthalpy Flow	Gcal/hr	-1.8305	-1.16799	-2.99849
Average MW		27.3665	31.0319	28.8318
— Mole Flows	**kmol/hr**	**30**	**19.9795**	**49.9795**
H2O	kmol/hr	10	9.99152	19.9915
CH4O	kmol/hr	20	0	20
ACETA-01	kmol/hr	0	9.98793	9.98793

图 4 - 12　查看物料 PRODUCT 结果简表

经验技巧

● 在模拟中建立流程图时,使用 Ctrl+B 快捷键可使流股快速对齐。

● 当数据未输入完整,在 Aspen Plus 界面的左下角会有红色字体 Required Input Incomplete 显示,如果数据输入完全,左下角便会有黑色字体 Required Properties Input Complete 显示。

4.1.2 分流器

分流器 FSplit 模块可以混合多股相同类型的流股(物流、能流或功流),然后将混合流股分为两股或多股具有相同组成和状态的流股。该模块不能将一股流股分为不同类型的流股。例如,该模块不能将一股物流分为一股能流和一股物流。如果用户欲将一股物流分为组成与性质不同的物流,可以选用 Sep 模块或 Sep2 模块。分流器 FSplit 模块至少有一股入口流股和两股出口流股。

当分离物流时,用户通过指定出口物流分数(Split Fraction)、出口物流流量或实际体积流量等,来确定出口物流的参数;当分离能流(或功流)时,用户通过指定产品能流(或功流)分数或热负荷(做功),来确定出口能流(或功流)的参数。

用户只能指定 $N-1$(N 为产品流股的数目)股流股,剩余的物流、能流或功流将进入未指定流股,以满足物料或能量守恒。

【例 4.2】 将两股进料混合后通过分流器分成两股产品 PRODUCT1 和 PRODUCT2,进料物流选用例 4.1 中的两股进料物流,要求:物流 PRODUCT1 中乙醛的质量流量为 150 kg/h。计算产品 PRODUCT2 的流量。物性方法采用 CHAO - SEA。

解:

(1)打开文件 Example4.1 - Mixer. bkp,另存为文件 Example4.2 - FSplit. bkp。

(2)删除模块 MIXER,建立如图 4 - 13 所示的流程图,其中流股分流器 FSPLIT 选用模块选项板中 Mixers/Splitters|FSplit|TRIANGLE 图标。

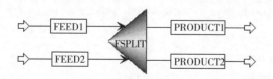

图 4 - 13 分流器 FSPLIT 流程图

(3)点击 N▸,进入 Blocks|FSPLIT|Input|Specifications 页面,物流 PRODUCT1 中的 Specification 选择 Flow,Basis 选择 Mass,Value 为 150,Units 选择 kg/hr,Key Come No 选择 1(见图 4 - 14)。

(4)点击 N▸,进入 Blocks|FSPLIT|Input|Key Components 页面,Key component number 选择 1(在 Specifications 页面指定的 Key Come No),

Substream 选择 MIXED，将 Available components 中的 ACETA - 01 选入 Selected components 中(关键组分选择 ACETA - 01)(见图 4 - 15)。

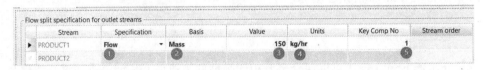

图 4 - 14　输入模块 FSPLIT 数据

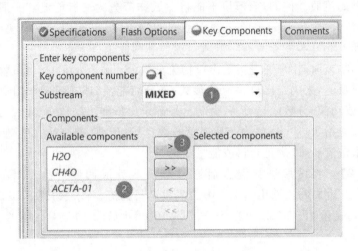

图 4 - 15　输入模块 FSPLIT 关键组分

(5)进入 Blocks|FSPLIT|Input|Flash Options 页面，设置模块 FSPLIT 闪蒸选项，本例采用缺省值(见图 4 - 16)。

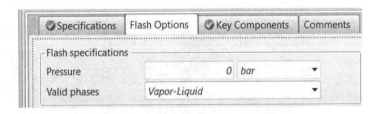

图 4 - 16　设置模块 FSPLIT 闪蒸选项

(6)点击 ，弹出 Required Input Complete 对话框，点击 OK 按钮，运行模拟，流程收敛。

(7)进入 Results Summary|Streams|Material 页面，可查看物流 PRODUCT2 的流量，本例中 PRODUCT2 的流量为 949.747 kg/h(图 4 - 17 显示为 949.747 kg/hr)。

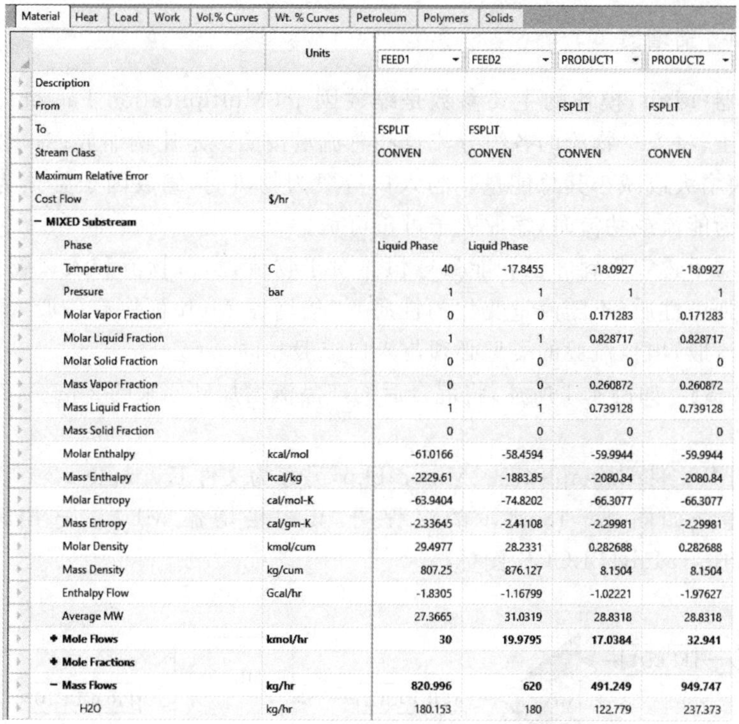

图 4-17　查看物流 PRODUCT2 结果

🔗 经验技巧

● 打开之前的文件,在物流数据不变的情况下,只需要删除模块,然后左击物流流股,右击 Reconnect destination,选择新建模块即可。

4.2　倍增器/复制器

倍增器模块和复制器模块设置在模块选项板 Manipulators 下,Mult/Dupl 模块介绍见表 4-2 所列。

表 4-2　Mult/Dupl 模块介绍

模块	说明	功能
Mult	倍增器	按比例放大或缩小流股
Dupl	复制器	将入口流股复制为任意数量的出口流股

4.2.1 倍增器

倍增器(Mult)模块的主要参数是缩放因子(Multiplication Factor)。通过指定缩放因子,将入口物流的各组分流量和总流量按照一定比例缩放;对于能流和功流,该模块增大或减小其总能量。当入口流股为物流时,缩放因子必须为正数;当入口流股为能流或功流时,缩放因子可正可负。

倍增器不遵守物料守恒和能量守恒。对于物流,出口物流和入口物流有相同的组成和强度性质(不随流量变化的性质)。倍增器 Mult 模块有一股入口流股和一股出口流股,出口流股的类型必须与入口流股相同。

【例 4.3】 如例 4.1 所述,将混合后的产品流增加到原来的 2 倍。

解:

(1)打开文件 Example4.1 - Mixer.bkp,另存为文件 Example4.3 - Mult.bkp。

(2)建立如图 4 - 18 所示的流程图,其中倍增器 MULT 选用模块板中 Manipulators|Mult|BLOCK 图标。

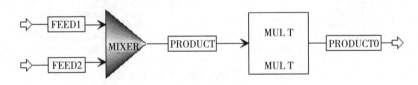

图 4 - 18 倍增器 MULT 流程图

(3)点击 **Next**,进入 Blocks|MULT|Input|Specifications 页面,在 Multiplication factor 中输入 2(见图 4 - 19)。

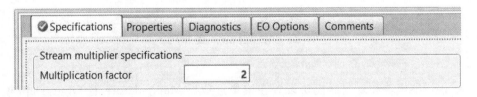

图 4 - 19 输入模块 MULT 数据

(4)点击 **Next**,弹出 Required Input Complete 对话框,点击 OK 按钮,运行模拟,流程收敛。

(5)进入 Results Summary | Streams | Material 页面,可看到本例物料 PRODUCT0 与 PRODUCT 的温度、压力及气相分数都相同,而总流量以及各组分流量均为 PRODUCT 的 2 倍(见图 4 - 20)。

| Material | Heat | Load | Work | Vol.% Curves | Wt.% Curves | Petroleum | Polymers | Solids |

	Units	FEED1 ▾	FEED2 ▾	PRODUCT ▾	PRODUCT0 ▾
Description					
From				MIXER	MULT
To		MIXER	MIXER	MULT	
Stream Class		CONVEN	CONVEN	CONVEN	CONVEN
Maximum Relative Error					
Cost Flow	$/hr				
− MIXED Substream					
Phase		Liquid Phase	Liquid Phase		
Temperature	C	40	−17.8455	−18.0927	−18.0927
Pressure	bar	1	1	1	1
Molar Vapor Fraction		0	0	0.171283	0.171283
Molar Liquid Fraction		1	1	0.828717	0.828717
Molar Solid Fraction		0	0	0	0
Mass Vapor Fraction		0	0	0.260872	0.260872
Mass Liquid Fraction		1	1	0.739128	0.739128
Mass Solid Fraction		0	0	0	0
Molar Enthalpy	kcal/mol	−61.0166	−58.4594	−59.9944	−59.9944
Mass Enthalpy	kcal/kg	−2229.61	−1883.85	−2080.84	−2080.84
Molar Entropy	cal/mol-K	−63.9404	−74.8202	−66.3077	−66.3077
Mass Entropy	cal/gm-K	−2.33645	−2.41108	−2.29981	−2.29981
Molar Density	kmol/cum	29.4977	28.2331	0.282688	0.282688
Mass Density	kg/cum	807.25	876.127	8.1504	8.1504
Enthalpy Flow	Gcal/hr	−1.8305	−1.16799	−2.99849	−5.99697
Average MW		27.3665	31.0319	28.8318	28.8318
✚ Mole Flows	kmol/hr	30	19.9795	49.9795	99.9589
✚ Mole Fractions					
✚ Mass Flows	kg/hr	820.996	620	1441	2881.99
✚ Mass Fractions					
Volume Flow	cum/hr	1.01703	0.70766	176.801	353.601

图 4 - 20　例 4.3 查看物流结果

4.2.2　复制器

复制器 Dupl 模块将一股入口流股（物流、能流或功流）复制为多股出口流股。当对一股流股使用不同单元模块处理时，该模块非常方便。复制器不遵守物料守恒和能量守恒。

复制器 Dupl 模块有一股入口流股，至少有一股出口流股。该模块不需要输入任何参数。

下面通过例 4.4 介绍复制器模块的应用。

【例 4.4】　如例 4.1 所述，将混合后的产品物流复制成相同的两股物流。

解：

(1)打开文件 Example4.1 - Mixer.bkp，另存为文件 Example4.4 - Dupl.bkp。

(2)建立如图 4 - 21 所示的流程图，其中复制器 DUPL 选用模块选项板中 Manipulators|Dupl|BLOCK 图标。

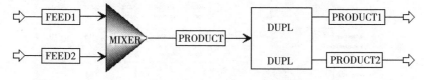

图 4 - 21　复制器 DUPL 流程图

(3)进入 Blocks|DUPL|Input|Properties 页面,输入模块 Dupl 数据,本例采用缺省值(见图 4-22)。

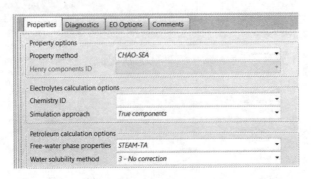

图 4-22 缺省模块 DUPL 数据

(4)点击 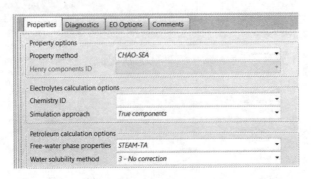,弹出 Required Input Complete 对话框,点击 OK 按钮,运行模拟,流程收敛。

(5)进入 Results Summary|Streams|Material 页面,可看到本例物料 PRODUCT1、PRODUCT2 与 PRODUCT 的温度、压力、气相分数、总流量以及各组分流量等所有参数都相同(见图 4-23)。

	Units	FEED1	FEED2	PRODUCT	PRODUCT1	PRODUCT2
Description						
From				MIXER	DUPL	DUPL
To		MIXER	MIXER	DUPL		
Stream Class		CONVEN	CONVEN	CONVEN	CONVEN	CONVEN
Maximum Relative Error						
Cost Flow	$/hr					
− MIXED Substream						
Phase		Liquid Phase	Liquid Phase			
Temperature	C	40	-17.8455	-18.0927	-18.0927	-18.0927
Pressure	bar	1	1	1	1	1
Molar Vapor Fraction		0	0	0.171283	0.171283	0.171283
Molar Liquid Fraction		1	1	0.828717	0.828717	0.828717
Molar Solid Fraction		0	0	0	0	0
Mass Vapor Fraction		0	0	0.260872	0.260872	0.260872
Mass Liquid Fraction		1	1	0.739128	0.739128	0.739128
Mass Solid Fraction		0	0	0	0	0
Molar Enthalpy	kcal/mol	-61.0166	-56.4594	-59.9944	-59.9944	-59.9944
Mass Enthalpy	kcal/kg	-2229.61	-1883.85	-2080.84	-2080.84	-2080.84
Molar Entropy	cal/mol-K	-63.9404	-74.8202	-66.3077	-66.3077	-66.3077
Mass Entropy	cal/gm-K	-2.33645	-2.41108	-2.29981	-2.29981	-2.29981
Molar Density	kmol/cum	29.4977	28.2331	0.282688	0.282688	0.282688
Mass Density	kg/cum	807.25	876.127	8.1504	8.1504	8.1504
Enthalpy Flow	Gcal/hr	-1.8305	-1.16799	-2.99849	-2.99849	-2.99849
Average MW		27.3665	31.0319	28.8318	28.8318	28.8318
◆ Mole Flows	kmol/hr	30	19.9795	49.9795	49.9795	49.9795
◆ Mole Fractions						
◆ Mass Flows	kg/hr	820.996	620	1441	1441	1441
◆ Mass Fractions						
Volume Flow	cum/hr	1.01703	0.70766	176.801	176.801	176.801
◆ Vapor Phase						
◆ Liquid Phase						

图 4-23 例 4.4 查看物流结果

4.3　简单分离器

简单分离器 Separators 包括闪蒸器 Flsah、液-液分相器 Decanter 和组分分离器 Sep 等模块,简单分离器模块介绍如表 4 - 3 所列。

表 4 - 3　简单分离器模块介绍

模块	说明	功能	适用对象
Flash2	两出口闪蒸器	用严格汽-液平衡或汽-液-液平衡,把进料分成两股出口物流	闪蒸器、蒸发器、分液罐、单级分离器
Flash3	三出口闪蒸器	用严格汽-液-液平衡,把进料分成三股出口物流	分相器、有两液相出口的单级分离器
Decanter	液-液分相器	把进料分成两股液相出口物流	分相器、有两液相而无气相出口的单级分离器
Sep	组分分离器	根据规定的组分流量或分数,把入口物流分成多股出口物流	组分分离操作,如蒸馏和系数,当详细的分离过程不知道或不重要时
Sep2	两出口组分分离器	根据规定的流量、分数或纯度,把入口物流分成两股出口物流	组分分离操作,如蒸馏和系数,当详细的分离过程不知道或不重要时

4.3.1　两出口闪蒸器

两出口闪蒸器 Flash2 模块可进行给定热力学条件下的汽-液平衡或汽-液-液平衡计算。至少有一股入口物流,出口物流包括一股气相物流、一股液相物流和一股水(可选)。用户可以在气相物流中指定液相夹带量和/或固体夹带量。

用两出口闪蒸器模块进行模拟计算时,需要规定温度、压力、气相分数、热负荷这四个参数中的任意两个(不可同时规定气相分数和热负荷),还需要确定出口物流的有效相态。

用户可以选择连接任意股入口物流和两股出口物流。如果用户只规定了一个参数(温度或压力),两出口闪蒸器模块使用入口物流之和作为其热负荷规定;否则,该模块使用入口热流计算净热负荷。净热负荷是入口热流总和与实际热负荷的差值。

【例 4.5】　进料物流乙醇/水溶液,其质量组成为水 70% 和乙醇 30%,进料温度为 40 ℃,压力为 0.1 MPa,总流量为 100 kmol/h,计算该物流的泡点温度。物性方法采用 NRTL－RK。

解:

(1)启动 Aspen Plus,进入 File | New | User 页面,选择模板 General with Metric Units,将文件保存为 Example4.5－Flash2.bkp。

(2)进入 Components | Specifications | Selection 页面,输入组分 H_2O(水)、C_2H_6O-2(乙醇)。C_2H_6O(乙醇)可在 Find 中查找,点击 CAS 号 64－17－5,添加,而后关闭对话框。

(3)点击 ,进入 Methods | Specifications | Global 页面,选择物性方法 NRTL－RK。

(4)点击 ,查看方程的二元交互作用参数是否完整,本例采用缺省值,不做修改。

(5)点击 ,弹出 Properties Input Complete 对话框,选择 Go to simulation environment,点击 OK 按钮,进入模拟环境。建立如图 4-24 所示的流程图,闪蒸器 FLASH 选用模块选项板中 Separators | Flash2 | V－DRUM1 图标。

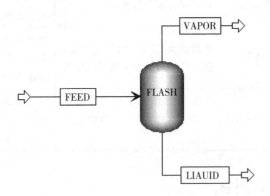

图 4-24　两出口闪蒸器 FLASH 流程图

(6)点击 ,进入 Streams | FEED | Input | Mixed 页面,根据题目信息输入物流 FEED 数据(见图 4-25)。

(7)点击 ,进入 Blocks | FLASH | Input | Specifications 页面,在 Pressure 中输入 0.1 MPa,在 Vapor fraction 输入 0(见图 4-26)。

(8)点击 ,弹出 Required Input Complete 对话框,点击 OK 按钮,运行模拟,流程收敛。

(9)进入 Blocks | FLASH | Results | Summary 页面,可看到本例闪蒸器 FLASH 的温度。本例中闪蒸器 FLASH 的温度约为 84.08 ℃(图 4-27 中显示为 84.0844353 C)。

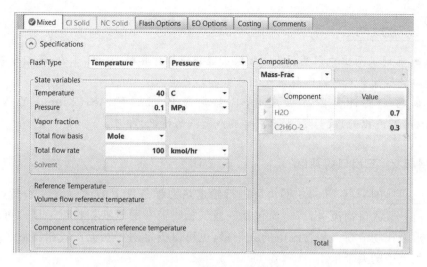

图 4 - 25　输入物流 FEED 数据

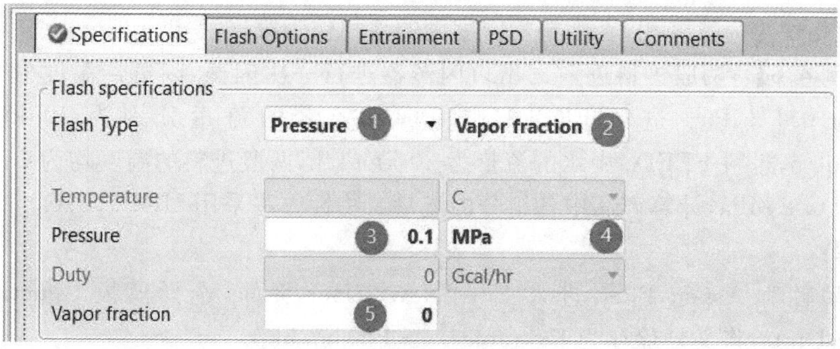

图 4 - 26　输入模块 FLASH 数据

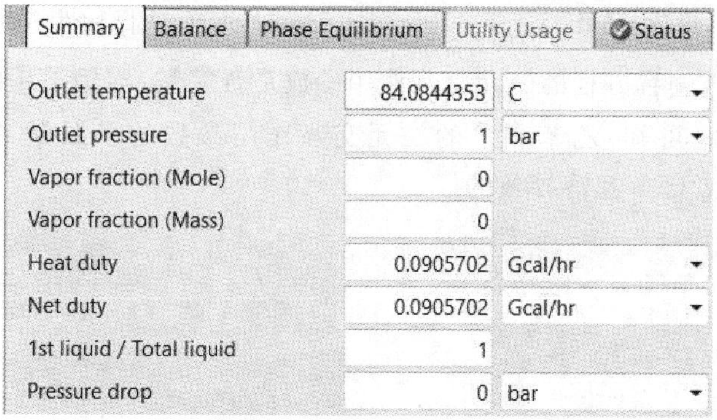

图 4 - 27　查看模块 FLASH 结果

经验技巧

● 在规定两出口闪蒸器 Flash 模块进行模拟计算时,温度、压力、气相分数、热负荷四个参数中不可同时规定气相分数和热负荷。

● 当需要计算露点温度时,只需要将 Blocks | FLASH | Input 的 Vapor fraction(蒸汽比例)改为 1(表示全部变成蒸汽的情况)即可。

4.3.2 三出口闪蒸器

三出口闪蒸器 Flash3 模块可进行给定热力学条件下的汽-液-液平衡计算。至少有一股入口物流,出口物流包括一股气相物流和两股液相物流。用户可以指定每股液相物流在气相物流中的夹带量,也可以指定固相物流在气相物流和第一液相物流中的夹带量。

用三出口闪蒸器模块进行模拟计算时,需要规定温度、压力、气相分数及热负荷这四个参数中的任意两个,还需要指定关键组分。指定关键组分后,含关键组分多的液相作为第二液相,否则缺省密度大的液相作为第二液相。

【例 4.6】 两股进料进入三出口闪蒸器进行一次闪蒸,闪蒸器温度为 90 ℃,压力为 0.1 MPa。进料 FEED1 中甲醇和乙苯的流量分别为 10 kmol/h,30 kmol/h,进料 FEED2 中水的流量为 20 kmol/h,两股进料的温度均为 25 ℃,压力均为 0.1 MPa,计算产品中各组分的流量。物性方法采用 UNIQUAC。

解:

(1)启动 Aspen Plus,进入 File | New | User 页面,选择模板 General with Metric Units,将文件保存为 Example4.6 - Flash3.bkp。

(2)进入 Components | Specifications | Selection 页面,输入组分 CH_3OH(甲醇)、$C_6H_5C_2H_5$(乙苯)、H_2O(水)。

(3)点击 $\overset{\text{Next}}{\mathbf{N}^{\blacktriangleright}}$,进入 Methods | Specifications | Global 页面,选择物性方法 UNIQUAC。

(4)点击 $\overset{\text{Next}}{\mathbf{N}^{\blacktriangleright}}$,查看方程的二元交互作用参数是否完整,本例采用缺省值,不做修改。由图 4 - 28 可知,乙苯和水的二元交互作用参数的来源是 APV110 LLE - LIT,这是由两者部分互溶导致的。

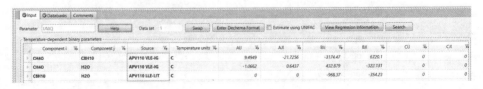

图 4 - 28　查看方程的二元交互作用参数

（5）点击 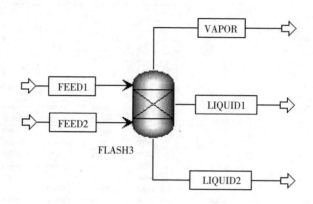，弹出 Properties Input Complete 对话框，选择 Go to simulation environment，点击 OK 按钮，进入模拟环境。建立如图 4 - 29 所示的流程图，闪蒸器 FLASH 选用模块选项板中 Separators|Flash2|V - DRUM1 图标。

图 4 - 29　三出口闪蒸器 FLASH3 流程图

（6）点击 N，进入 Streams|FEED1|Input|Mixed 页面，根据题目信息输入物流 FEED1 数据，同理，输入物流 FEED2 数据。

（7）点击 N，进入 Blocks|FLASH3|Input|Specifications 页面，在 Temperature 中输入 90 ℃，在 Pressure 中输入 0.1 MPa（见图 4 - 30）。不知道关键组分（Key Components），即缺省密度大的液相作为第二液相。

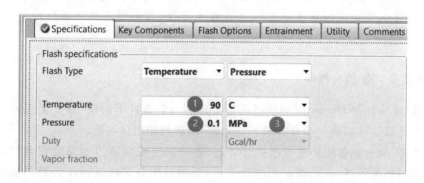

图 4 - 30　输入模块 FLASH 数据

（8）点击 N，弹出 Required Input Complete 对话框，点击 OK 按钮，运行模拟，流程收敛。

（9）进入 Results Summary|Streams|Material 页面，可查看各产品物流的温度、压力、组成及流量等参数（见图 4 - 31）。

	Units	FEED1	FEED2	VAPOR	LIQUID1	LIQUID2
▷ — MIXED Substream						
▷ Phase		Liquid Phase	Liquid Phase	Vapor Phase	Liquid Phase	
▷ Temperature	C	25	25	90	90	
▷ Pressure	bar	1	1	1	1	1
▷ Molar Vapor Fraction		0	0	1	0	
▷ Molar Liquid Fraction		1	1	0	1	
▷ Molar Solid Fraction		0	0	0	0	
▷ Mass Vapor Fraction		0	0	1	0	
▷ Mass Liquid Fraction		1	1	0	1	
▷ Mass Solid Fraction		0	0	0	0	
▷ Molar Enthalpy	kcal/mol	-20.2748	-68.2622	-38.7596	-0.630675	
▷ Mass Enthalpy	kcal/kg	-231.352	-3789.13	-908.007	-6.00255	
▷ Molar Entropy	cal/mol-K	-105.335	-38.9652	-27.5173	-95.6918	
▷ Mass Entropy	cal/gm-K	-1.20196	-2.1629	-0.644638	-0.910763	
▷ Molar Density	kmol/cum	10.0269	55.173	0.0331197	7.67439	
▷ Mass Density	kg/cum	878.718	993.957	1.41376	806.331	
▷ Enthalpy Flow	Gcal/hr	-0.810991	-1.36524	-1.515	-0.0131892	
▷ Average MW		87.6361	18.0153	42.6864	105.068	
▷ — Mole Flows	kmol/hr	40	20	39.0872	20.9128	0
▷ CH3OH	kmol/hr	10	0	9.82452	0.175463	0
▷ C6H5C2H5	kmol/hr	30	0	9.37606	20.624	0
▷ H2O	kmol/hr	0	20	19.8866	0.113322	0
▷ + Mole Fractions						
▷ + Mass Flows	kg/hr	3505.44	360.306	1668.49	2197.26	

图 4-31 例 4.6 查看物流结果

经验技巧

● 二元交互作用参数是用来表征两种物质的相似性,参数越小,两种物质越相似,但是如果相同的物质使用不同的物性方程,二元交互作用参数可能会相差很大。

4.3.3 液-液分相器

液-液分相器 Decanter 模块可进行给定热力学条件下的液-液平衡或液-自由水平衡计算。该模块至少有一股入口物流,两股液相出口物流。

用液-液分相器模块进行模拟计算时,首先需要规定压力和温度或者热负荷;其次需要指定关键组分,指定关键组分后,含关键组分多的液相作为第二液相,否则缺省密度大的液相作为第二液相;另外还可以设置组分的分离效率(Separation Efficiency)。

分离效率代表了相组成偏离平衡组成的程度,其定义为

$$x_{2,i} = E_i K_i x_{1,i} \qquad (4-1)$$

式(4-1)中,$x_{1,i}$ 和 $x_{2,i}$ 分别为第一液相和第二液相中组分 i 的摩尔分数;K_i 为组

分 i 的平衡常数；E_i 为组分的分离效率,当不指定分离效率时,缺省值为 1。

【**例** 4.7】 两股物流进入液-液分相器进行液液分离的过程。进料采用例 4.6 中的进料,液-液分相器温度为 25 ℃,压力为 0.1 MPa,甲醇的分离效率为 0.95。

解:

(1)打开文件 Example4.6 - Flash3.bkp,另存为文件 Example4.7 - Decanter.bkp。

(2)删除 FLASH3 版块,建立如图 4 - 32 所示的流程图,其中液-液分相器 DECANTER 选用模块选项板中 Separators | Decanter | H - DRUM 图标。

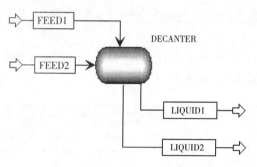

图 4 - 32 液-液分相器 DECANTER 流程图

(3)进入 Blocks | DECANTER | Input | Specifications 页面,在 Pressure 中输入 0.1 MPa,在 Temperature 中输入 25 C,不指定关键组分,即缺省密度大的液相作为第二液相(见图 4 - 33)。

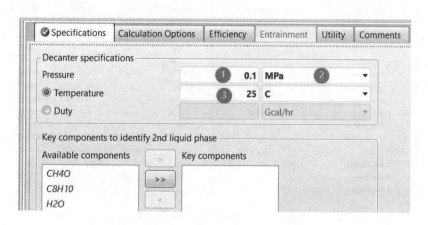

图 4 - 33 输入模块 DECANTER 数据

(4)点击 ![Next],进入 Blocks | DECANTER | Input | Efficiency 页面,输入甲醇的分离效率为 0.95(见图 4 - 34)。

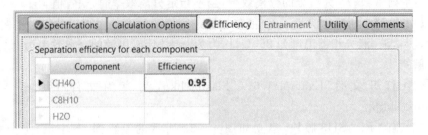

图 4 - 34　输入模块 DECANTER 分离效率

(5)点击 ，弹出 Required Input Complete 对话框，点击 OK 按钮，运行模拟，流程收敛。

(6)进入 Results Summary|Streams|Material 页面，可查看两液相产品物流的温度、压力、组成及流量等(见图 4 - 35)。

	Units	FEED1	FEED2	LIQUID1	LIQUID2
Phase		Liquid Phase	Liquid Phase	Liquid Phase	Liquid Phase
Temperature	C	25	25	25	25
Pressure	bar	1	1	1	1
Molar Vapor Fraction		0	0	0	0
Molar Liquid Fraction		1	1	1	1
Molar Solid Fraction		0	0	0	0
Mass Vapor Fraction		0	0	0	0
Mass Liquid Fraction		1	1	1	1
Mass Solid Fraction		0	0	0	0
Molar Enthalpy	kcal/mol	-20.2748	-68.2622	-19.0008	-67.371
Mass Enthalpy	kcal/kg	-231.352	-3789.13	-214.375	-3508.19
Molar Entropy	cal/mol-K	-105.335	-38.9652	-103.958	-40.2572
Mass Entropy	cal/gm-K	-1.20196	-2.1629	-1.1729	-2.0963
Molar Density	kmol/cum	10.0269	55.173	9.91482	49.8401
Mass Density	kg/cum	878.718	993.957	878.784	957.124
Enthalpy Flow	Gcal/hr	-0.810991	-1.36524	-0.74261	-1.40919
Average MW		87.6361	18.0153	88.6333	19.2039
- Mole Flows	kmol/hr	40	20	39.0831	20.9169
CH3OH	kmol/hr	10	0	8.24139	1.75861
C6H5C2H5	kmol/hr	30	0	29.9978	0.00220337
H2O	kmol/hr	0	20	0.843892	19.1561
+ Mole Fractions					
+ Mass Flows	kg/hr	3505.44	360.306	3464.06	401.686
+ Mass Fractions					

图 4 - 35　例 4.7 查看物流结果

4.3.4　组分分离器

组分分离器 Sep 模块可将任意股入口物流按照每个组分的分离规定分成两股

或多股出口物流,当未知详细的分离过程,但已知每个组分的分离结果时,可以用该模块代替严格分离模块,以节省计算时间。该模块至少有一股入口物流,且至少有两股出口物流。

用组分分离器模块进行模拟计算时,需要指定每个组分在各出口物流中的分数(Split Fraction,组分由进料进入到产品的分数)或者流量。用户可以选择性指定入口物流混合后的闪蒸压力和有效相态,还可以指定每一股出口物流的温度、压力和气相分数中的任意两个参数及有效相态。

【例 4.8】　使用组分分离器将一股温度为 40 ℃、压力为 0.1 MPa 的进料物流分离成两股产品,要求塔顶产品流量为 40 kmol/h,甲酸的摩尔分数为 0.95,水的摩尔分数为 0.04。进料中甲酸、水、乙酸的流量分别为 40 kmol/h、80 kmol/h、120 kmol/h,计算塔底产品的流量与组成。物性方法采用 UNIQUAC。

解:

(1)启动 Aspen Plus,进入 File | New | User 页面,选择模板 General with Metric Units,将文件保存为 Example4.8 - Sep.bkp。

(2)进入 Components | Specifications | Selection 页面,输入组分 HCOOH(甲酸)、CH_3COOH(乙酸)、H_2O(水)。

(3)点击 Next,进入 Methods | Specifications | Global 页面,选择物性方法 UNIQUAC。

(4)点击 Next,查看方程的二元交互作用参数是否完整,本例采用缺省值,不做修改。

(5)点击 Next,弹出 Properties Input Complete 对话框,选择 Go to simulation environment,点击 OK 按钮,进入模拟环境。建立如图 4 - 36 所示的流程图,组分分离器 SEP 选用模块选项板中 Separators | Sep | ICON1 图标。

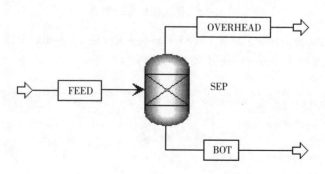

图 4 - 36　组分分离器 SEP 流程图

(6)点击 Next,进入 Streams | FEED1 | Input | Mixed 页面,根据题目信息输入物流 FEED 数据(见图 4 - 37)。

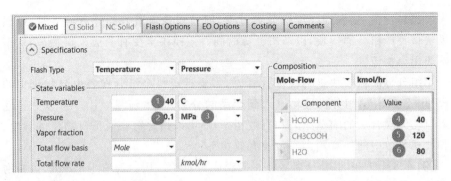

图 4-37 输入物流 FEED 数据

(7)点击 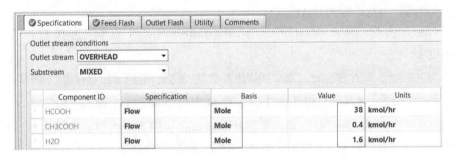，进入 Blocks|SEP|Input|Specifications 页面，输入模块 SEP 数据。
Outlet stream 选择 OVERHEAD，Specification 均选择 Flow，Basis 均选择 Mole，
甲酸(HCOOH)的 Value 选择 38(40×0.95＝38)，水(H2O)的 Value 选择 1.6
(40×0.04＝1.6)，乙酸(CH3COOH)的 Value 选择 0.4[40×(1－0.95－0.04)＝
0.4]，Units 均选择 kmol/hr(见图 4-38)。

图 4-38 输入模块 SEP 数据

(8)进入 Blocks|SEP|Input|Feed Flash 页面，在 Pressure 中输入 0.1 MPa，
Vaild phases 选择 Vapor-Liquid(见图 4-39)。

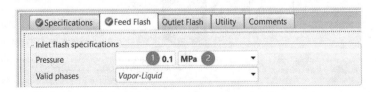

图 4-39 输入模块 SEP 进料闪蒸数据

(9)点击 ，弹出 Required Input Complete 对话框，点击 OK 按钮，运行模拟，
流程收敛。

　　(10)进入 Results Summary|Streams|Material 页面,可查看两液相产品物流的温度、压力、组成及流量等参数(见图 4 - 40)。

Material	Heat	Load	Work	Vol.% Curves	Wt. % Curves	Petroleum	Polymers	Solids

	Units	BOT	FEED	OVERHEAD
− MIXED Substream				
Phase		Liquid Phase	Liquid Phase	Liquid Phase
Temperature	C	40	40	40
Pressure	bar	1	1	1
Molar Vapor Fraction		0	0	0
Molar Liquid Fraction		1	1	1
Molar Solid Fraction		0	0	0
Mass Vapor Fraction		0	0	0
Mass Liquid Fraction		1	1	1
Mass Solid Fraction		0	0	0
Molar Enthalpy	kcal/mol	-92.8748	-93.1424	-94.2412
Mass Enthalpy	kcal/kg	-2138.31	-2131.29	-2092.13
Molar Entropy	cal/mol-K	-48.8773	-45.486	-32.8472
Mass Entropy	cal/gm-K	-1.12533	-1.04081	-0.729199
Molar Density	kmol/cum	23.0141	23.1758	25.8328
Mass Density	kg/cum	999.588	1012.84	1163.65
Enthalpy Flow	Gcal/hr	-18.575	-22.3542	-3.76965
Average MW		43.4337	43.7023	45.0455
− Mole Flows	kmol/hr	200	240	40
HCOOH	kmol/hr	2	40	38
CH3COOH	kmol/hr	119.6	120	0.4
H2O	kmol/hr	78.4	80	1.6
+ Mole Fractions				
+ Mass Flows	kg/hr	8686.74	10488.6	1801.82

图 4 - 40　例 4.8 查看物流结果

4.3.5　两出口组分分离器

　　两出口组分分离器 Sep2 模块可将入口物流组分分到两股出口物流中,Sep2 模块与 Sep 模块相似,但其可以提供更多的输入选项,如用户可以规定某组分的纯度。该模块至少有一股入口物流,有且仅有两股出口物流。

　　用户指定两出口组分分离器模块中物料的流量或分离分数(Split Fraction,产品流量与进料总流量的比值),还需要指定物流中组分的流量或分离分数(Split Fraction,组分由进料进入到产品中的分数)或组分在此物流中的摩尔/质量分数。用户可以选择性指定入口物流混合后的闪蒸压力和有效相态,还可以指定每一股出口物流的温度、压力和气相分数中的任意两个参数及有效相态。

　　【例 4.9】　用两出口组分分离器实现例 4.8 的分离任务。

　　解:

　　(1)打开文件 Example4.8 - Sep.bkp,另存为文件 Example4.9 - Sep2.bkp。

　　(2)删除 SEP 模块,建立如图 4 - 41 所示的流程图,其中两出口组分分离器 SEP2 选用模板选项块中 Separators|Sep2|ICON2 图标。

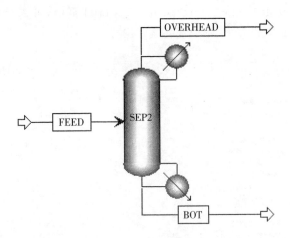

图 4-41　两出口组分分离器 SEP2 流程

（3）点击 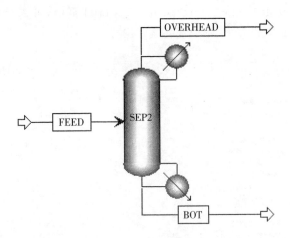，进入 Blocks | SEP2 | Input | Specifications 页面，输入模块 SEP 数据。Outlet stream 选择 OVERHEAD，Stream spec 均选择 Flow，并输入 40 kmol/hr；HCOOH 和 CH3COOH 的 2nd Spec 均选择 Mole frac，并分别输入 0.95 和 0.04（见图 4-42）。可看出，与 Sep 模块相比，Sep2 模块可规定的参数有两组，可直接输入产品中组分的摩尔分数。

图 4-42　输入模块 SEP2 数据

（4）进入 Blocks | Sep2 | Input | Feed Flash 页面，在 Pressure 中输入 0.1 MPa（见图 4-43）。

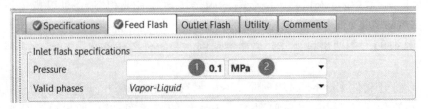

图 4-43　输入模块 SEP2 进料闪蒸数据

（5）点击 ⭧，弹出 Required Input Complete 对话框，点击 OK 按钮，运行模拟，流程收敛。

（6）进入 Results Summary｜Streams｜Material 页面，可查看两液相产品物流的温度、压力、组成及流量等参数（见图 4 - 44）。

	Units	FEED ▾	BOT ▾	OVERHEAD ▾
Material　Heat　Load　Vol.% Curves　Wt. % Curves　Petroleum　Polymers　Solids				
Description				
From			SEP2	SEP2
To		SEP2		
Stream Class		CONVEN	CONVEN	CONVEN
Maximum Relative Error				
Cost Flow	$/hr			
− MIXED Substream				
Phase		Liquid Phase	Liquid Phase	Liquid Phase
Temperature	C	40	40	40
Pressure	bar	1	1	1
Molar Vapor Fraction		0	0	0
Molar Liquid Fraction		1	1	1
Molar Solid Fraction		0	0	0
Mass Vapor Fraction		0	0	0
Mass Liquid Fraction		1	1	1
Mass Solid Fraction		0	0	0
Molar Enthalpy	kcal/mol	-93.1424	-92.6312	-95.4185
Mass Enthalpy	kcal/kg	-2131.29	-2145.16	-2060.58
Molar Entropy	cal/mol-K	-45.486	-48.756	-33.3807
Mass Entropy	cal/gm-K	-1.04081	-1.1291	-0.720861
Molar Density	kmol/cum	23.1758	23.1315	25.4048
Mass Density	kg/cum	1012.84	998.851	1176.41
Enthalpy Flow	Gcal/hr	-22.3542	-18.5262	-3.81674
Average MW		43.7023	43.1815	46.3067

图 4 - 44　查看物流结果

🔗 经验技巧

● 用 Sep 模块和 Sep2 模块得到的结果相同，但 Sep2 模块规定参数时，选择性更多，较为灵活。

第5章　流体输送单元模拟

Aspen Plus 采用压力变换模块 Pressure Changers 下的 Pump、Compr、MCompr、Valve、Pipe、Pipeline 流体输送单元模型(见图 5-1),可以用来模拟流体输送、气体增压和输送、气体的多级压缩、流体输送过程的控制等过程。流体输送单元模块的应用见表 5-1 所列。此外,各模块的详细介绍可通过 Simulation|Resources|Help 页面的 Pressure Changers 索引找到。

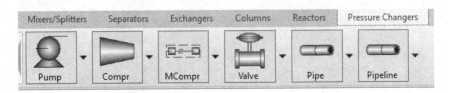

图 5-1　流体输送单元模块 Pressure Changers 所包含的单元模型

表 5-1　流体输送单元模块的应用

模　块	描　述	目　的	应　用
Pump	泵或水轮机	改变液体物流的压力,确定未知的压力、温度和泵的效率等	泵和水轮机
Compr	压缩机或透平	改变气体物流的压力,确定未知的压力、温度和压缩效率等	多变压缩机、多变正排量压缩机、等熵压缩机和等熵涡轮机
MCompr	多级压缩机或透平	通过带有中间冷却器的多级压缩机改变物流压力,中间冷却器可采出液相物流	多级多变压缩机、多级多变正排量压缩机,多级等熵压缩机和多级等熵涡轮机
Valve	阀门	确定压降、阀系数	控制阀、球阀、截止阀和蝶阀中的多相绝热流动
Pipe	管道	确定通过单管道或环形空间的压降或传热量	直径恒定的管道(可包括管件)
Pipeline	管线	确定通过多段管道或环形空间的压降或传热量	具有多段不同直径或标高的管道

5.1　泵 Pump

泵是输送流体或使流体增压的机械。其将机械能传送给液体,使液体能量增加。其可根据已知的信息计算未知的压力、温度和泵的效率等。

该模块一般用来处理单液相,对于某些特殊情况,用户也可以进行两相或三相计算,确定出口物流状态和计算液体密度。模拟结果的准确度取决于多种因素,如有效相态、流体的可压缩性以及指定的效率等。如果仅计算压差,也可用其他模块,如 Heater 模块。

泵模块通过指定出口压力(Discharge Pressure)或压力增量(Pressure Increase)或压力比率(Pressure Ratio)计算所需功率,也可以通过指定功率(Power Required)来计算出口压力,还可以采用特性曲线数据计算出口状态(Use performance curve to determine discharge conditions)。

泵模块有三组模块设定参数:① 模型(Model):包括泵(Pump)和透平(Turbine),且泵和透平仅允许规定一个。② 泵出口设定(Pump outlet specification):包括出口压力(Discharge pressure)、压力上升(Pressure increase)、压力比(Pressure ratio)、功率(Power required)和利用特性曲线确定出口条件(Use performance curve to determine discharge conditions)。③效率(Efficiency):包括泵效率(Pump)和驱动机效率(Driver)。

【例 5.1】　设计一台泵将温度为 25 ℃,压力为 200 kPa,原料质量分数为甲醇 10%、乙醇 25%、乙二醇 30% 和水 35%,处理量为 120 t/h(图 5 - 4 中显示为 120 tons/hr)的物流升至 800 kPa。泵效率为 75%,驱动机效率为 92%,计算泵的有效功率、轴功率及驱动机消耗的电功率。物性方法采用 PENG - ROB。

解:

(1)在 Properties 环境下输入组分[见图 5 - 2(a)],选择 PENG - ROB 物性方法[见图 5 - 2(b)],并查看 NRTL 二元交互参数,本例采用缺省值。

(2)点击 ，进入 Simulation 界面,选用 Pressure Changers | Pump | ICON1 模块建立流程(见图 5 - 3)。

(3)点击 ，输入泵进料条件:温度为 25 ℃,压力为 200 kPa,处理量为 120 t/h(图 5 - 4 中显示为 120 tons/hr),组成(质量分数)为甲醇 10%、乙醇 25%、乙二醇 30% 和水 35%(见图 5 - 4)。

(4)点击 ，输入泵条件:Model 选择 Pump,Pump outlet specification 选择 Discharge pressure,输入 800 kPa,Efficiencies 中 Pump 输入 0.75,Driver 输入 0.92(见图 5 - 5)。

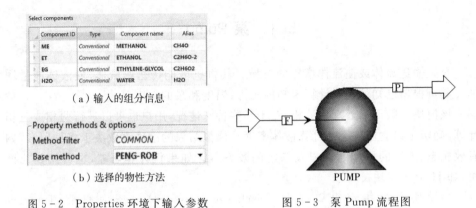

（a）输入的组分信息

（b）选择的物性方法

图 5-2　Properties 环境下输入参数

图 5-3　泵 Pump 流程图

图 5-4　输入模块 Pump 进料条件

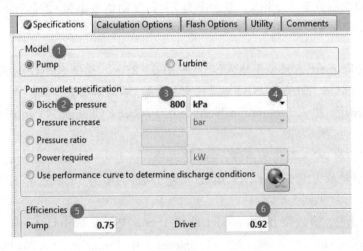

图 5-5　输入模块 Pump 的参数

（5）点击 ![Next]，出现 Required Input Complete 对话框，点击 OK，运行模拟。

（6）进入 Blocks|Pump|Results|Summary 页面，可看到本例泵的有效功率为 19.05 kW，轴功率为 25.40·kW，驱动机消耗的电功率为 27.60 kW（见图 5−6）。

Fluid power	19.0467	kW
Brake power	25.3956	kW
Electricity	27.6039	kW
Volumetric flow rate	114.28	cum/hr
Pressure change	6	bar
NPSH available	20.3968	meter
NPSH required		
Head developed	64.228	meter
Pump efficiency used	0.75	
Net work required	27.6039	kW
Outlet pressure	8	bar
Outlet temperature	25.0839	C

图 5−6　模块 Pump 的主要结果

【例 5.2】　设计一台泵将温度为 10 ℃、压力为 340 kPa，流量为 200 kmol/h 的乙酸乙酯物料输送至储罐，泵效率为 82%，驱动机效率为 90%，泵特性曲线数据见表 5−2 所列，计算泵的有效功率、轴功率及驱动机消耗的电功率。物性方法采用 RK−SOAVE。

表 5−2　泵特性曲线数据

流量/(m³/h)	35	20	10	5
扬程/m	50	300	400	500

解：

（1）在 Properties 环境下输入组分乙酸乙酯，选择 RK−SOAVE 物性方法。

（2）点击 ![Next]，进入 Simulation 界面，选用 Pressure Changers|Pump|ICON1 模块建立流程（见图 5−7）。

（3）点击 ![Next]，输入泵进料条件：温度为 10 ℃、压力为 340 kPa、流量为 200 kmol/h 的乙酸乙酯物料。

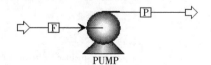

图 5−7　泵 Pump 流程图

(4)点击 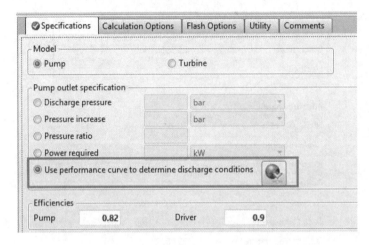，进入泵条件：Model 选择 Pump，Pump outlet specification 选择 Use performance curve to determine discharge conditions，Efficiencies 中 Pump 输入 0.82、Driver 输入 0.9（见图 5-8）。

图 5-8　输入模块 Pump 的参数

(5)点击 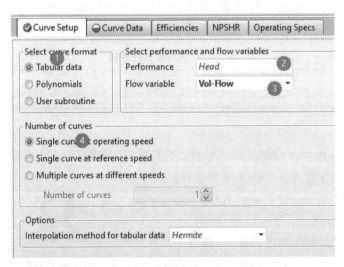，进入泵特性曲线设定：Select curve format 选择 Tabular data，Select performance and flow variables 选择 Head 和 Vol-Flow，Number of curves 选择 Single curve at operating speed（见图 5-9）。

图 5-9　输入模块 Pump 的特性曲线

(6)点击 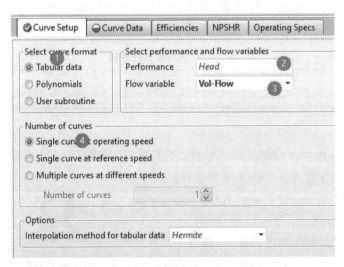，进入曲线数据设定：Units of curve variables 中 Head 选择 meter，

Flow 选择 cum/hr，Head vs. flow tables 中输入特性曲线参数（见图5-10）。

（7）点击 ，出现 Required Input Complete 对话框，点击 OK，运行模拟。

（8）进入 Blocks|Pump|Results|Summary 页面，可看到本例泵的出口压力为 3109.45 kPa，有效功率为 14.8164 kW，轴功率为 18.0687 kW，驱动机消耗的电功率为 20.0764 kW（见图 5-11）。

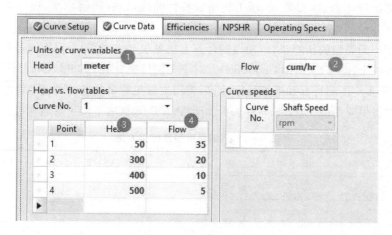

图 5-10 输入特性曲线数据

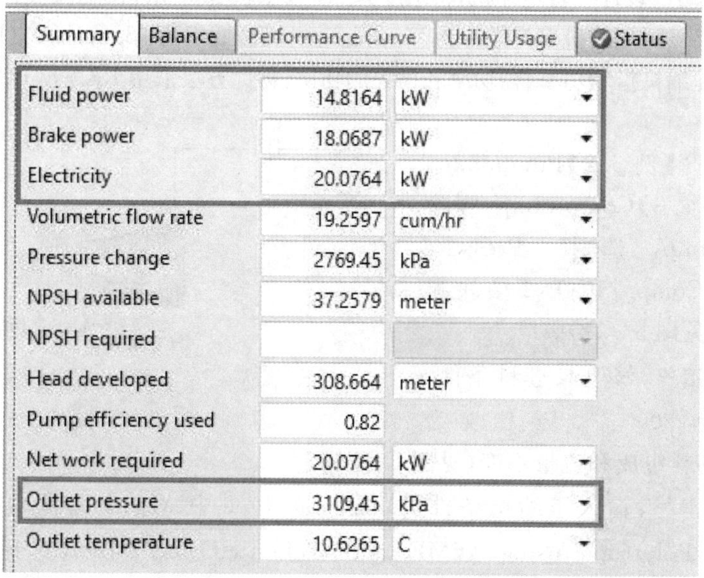

图 5-11 模块 Pump 的主要结果

5.2　压缩机 Compr

压缩机用于提高气体物流的压力,一般要求送风量大和压缩比低。可根据用户指定的出口压力、压力增量、压力比率或特性曲线,计算所需功率,还可通过指定功率计算物流属性(出口压力或温度)。

对于不同类型的压缩机,可使用的计算方法见表5-3所列。模拟涡轮机时计算类型只有一个,即等熵模型(Isentropic)。对于等熵压缩计算,莫尔尔(Mollier)算法最严格;对于多变压缩计算和等熵压缩计算,美国机械工程师协会(ASME)算法比天然气处理设备供应商协会(GPSA)算法更加严格;ASME算法不能用于涡轮机。

表5-3　压缩机类型及计算方法

压缩机类型	莫里尔	GPSA	ASME	分片积分
等熵	√	√	√	
多变		√	√	√
正排量		√		√

【例5.3】　设计一台压缩机,将温度为200 ℃、压力380 kPa的物流(组分同例5.2)压缩至4250 kPa,压缩机多变效率为75%,驱动机械效率为95%,计算出口物料的温度和流量,压缩机指示功率、轴功率和损失的功率,物性方法采用RK-SOAVE。

解:

(1)打开【例5.2】Pump. bkp,另存为【例5.3】Compr. bkp,删除模块 Pump, 选择 Pressure Changers|Compr|ICON2 模块建立流程图(见图5-12)。

(2)点击 **N**,修改泵进料条件:温度改为 200 ℃、压力改为380 kPa,物料组成和流量不变(见图5-13)。

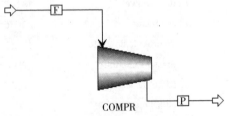

图5-12　压缩机 Compr 流程图

(3)点击 **N**,输入压缩机条件:Model and type 中 Model 选择 Compressor,Type 选择 Polytropic using ASME method,Outlet specification 选择 Discharge pressure并输入 4250 kPa,Efficiencies 中 Polytropic 输入 0.75,Mechanical 输入0.95(见图5-14)。

(5)点击 ▶▶,出现 Required Input Complete 对话框,点击 OK,运行模拟。

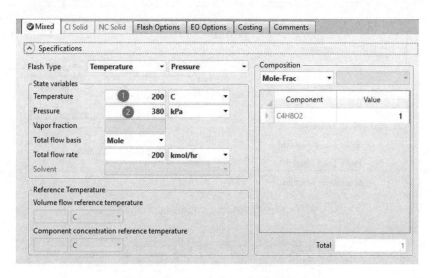

图 5-13 输入模块 Compr 进料条件

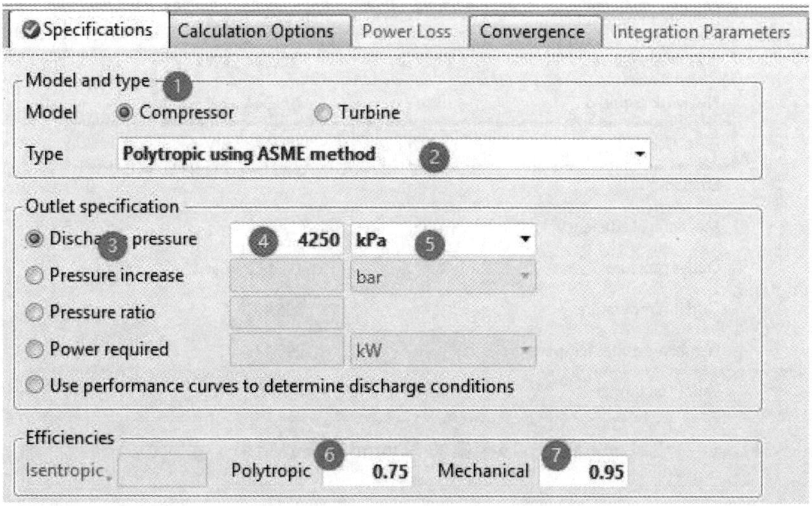

图 5-14 输入模块 Compr 的参数

(6)进入 Streams|P|Results|Material 页面,可看到本例出口物料的温度为
305.401 ℃,压力为 4250 kPa(见图 5-15);进入 Blocks|Compr|Results|
Summary 页面,可看到本例压缩机的指示功率为 672.927 kW,轴功率为
708.344 kW,损失的功率为 35.4172 kW(见图 5-16)。

Material	Vol.% Curves	Wt. % Curves	Petroleum	Polymers	Solids	⊘ Status
			Units			P ▾
– MIXED Substream						
Phase						Vapor Phase
Temperature			C			305.401
Pressure			kPa			4250
Molar Vapor Fraction						1
Molar Liquid Fraction						0
Molar Solid Fraction						0
Mass Vapor Fraction						1

图 5 - 15　模块 Compr 的出口物料结果

Summary	Balance	Parameters	Performance	Regression	Utility Usage	⊘ Status
Compressor model		ASME polytropic				
Phase calculations		Vapor phase calculation				
Indicated horsepower		672.927 kW				
Brake horsepower		708.344 kW				
Net work required		708.344 kW				
Power loss		35.4172 kW				
Efficiency						0.75
Mechanical efficiency						0.95
Outlet pressure		42.5 bar				
Outlet temperature		305.401 C				
Isentropic outlet temperature		290.143 C				
Vapor fraction						1

图 5 - 16　模块 Compr 的主要结果

5.3　多级压缩机 MCompr

　　多级压缩机 MCompr 模块一般用来处理单相的可压缩流体,对于某些特殊情况、用户也可以进行两相或三相计算,以确定出口物流状态。模拟结果的准确度主要取决于有效相态和指定的效率。该模块需要规定压缩机的级数、压缩机模型和工作方式,通过指定末级出口压力、每级出口条件或特性曲线数据计算出口物流的参数。

多级压缩机模块的每级压缩机后面都有一台冷却器,在冷却器中可以进行单相、两相或三相闪蒸计算。

5.3.1 多级压缩机操作模拟

【例5.4】 设计一台三级等熵压缩机,物料参数与例5.3相同。一级压缩机和二级压缩机之间的一级冷却器移出的热量为 200 kW,压降为 0;二级和三级压缩机之间的二级冷却器移出的热量为 100 kW,压降为 0。计算多级压缩机的总功率,一级压缩、二级压缩及最终出口物料温度。物性方法采用 RK-SOAVE。

解:

(1)打开【例5.3】Compr. bkp,另存为【例5.4】MCompr. bkp,删除模块 Compr,选择 Pressure Changers|MCompr|ICON1 模块建立流程图,如图 5-17 所示。

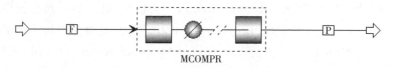

图 5-17 压缩机 MCompr 流程图

(2)点击 ,输入多级压缩机条件:Configuration 中 Number of stages 输入 3,Compressor model 选择 Isentropic,Specification type 选择 Fix discharge pressure from last stage,并输入 4250 kPa,其他设定采用缺省值(见图 5-18);Cooler 中

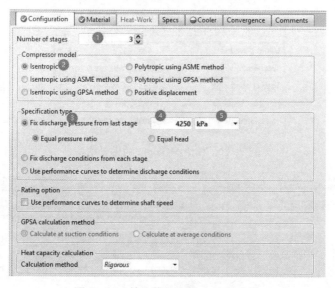

图 5-18 输入模块 MCompr 的参数

Stage 输入 1，Specification 选择 Duty，Value 输入−200，Units 选择 kW，Pressure drop 缺省为 0；同理设置 Stage 2 的热负荷为−100 kW、压降为 0（见图 5−19）。

Configuration | Material | Heat-Work | Specs | Cooler | Convergence | Comments

Cooler specifications

Stage		1	2
Specification		Duty	Duty
Value		-200	-100
Units		kW	kW
Pressure drop	bar	0	0
Utility			

图 5−19　中间冷却器参数

（3）点击 N▸，出现 Required Input Complete 对话框，点击 OK，运行模拟。

（4）进入 Blocks|MCompr|Results|Summary 页面，可看到本例压缩机的总功率为 635.83 kW（见图 5−20）。进入 Blocks|MCompr|Results|Profile 页面，可看到本例物流压缩后的温度，一级、二级和三级压缩后的温度分别为 230.675 ℃、243.652 ℃和 279.567 ℃（图 5−21 中分别显示为 230.675 C、243.652 C 和 279.567 C）。进入 Blocks|MCompr|Results|Cooler 页面，可看到本例一级冷却、二级冷却和最终出口温度分别为 209.032 ℃、233.828 ℃和 272.878 ℃（图 5−22 中分别显示为 209.032 C、233.828 C 和 272.878 C）。

Summary | Balance | Profile | Coolers | Stage Curves

Outlet pressure	4250	kPa
Total work	635.83	kW
Total cooling duty	-0.343938	Gcal/hr
Net work required	635.83	kW
Net cooling duty	-0.343938	Gcal/hr

图 5−20　模块 MCompr 的主要结果

Summary | Balance | Profile | Coolers | Stage Curves | Wheel Curves | Utilities | Status

Stage	Temperature	Pressure	Pressure ratio	Indicated power	Brake horsepower	Head developed	Volumetric flow	Efficiency used
	C	kPa		kW	kW	meter	cum/h	
1	230.675	849.804	2.23633	232.798	232.798	3491.86	1969.24	0.72
2	243.652	1900.44	2.23633	216.495	216.495	3247.32	842.237	0.72
3	279.567	4250	2.23633	186.537	186.537	2797.96	345.915	0.72

图 5−21　压缩后物流温度

	Stage	Temperature	Pressure	Duty	Vapor fraction
		C ▼	kPa ▼	Gcal/hı ▼	
▶	1	209.032	849.804	-0.171969	1
	2	233.828	1900.44	-0.0859845	1
	3	272.878	4250	-0.0859845	1

图 5 - 22　冷却器出口温度

5.3.2　真空泵的模拟

真空泵是指利用机械、物理、化学或物理化学的方法对被抽容器进行抽气而获得真空的器件或设备。通俗来讲,真空泵是用各种方法在某一封闭空间中改善、产生和维持真空的装置,在冶金、化工、食品、电子镀膜等行业有着广泛的应用。

经验技巧

● 此外,使用压缩机模块或多级压缩机模块可以模拟一台真空泵,在不计算功的条件下,也可以使用换热器模块模拟。

【例 5.5】　设计真空泵模型对一股流量为 50 kg/h 的氧气(温度为 25 ℃、压力为 0.2 kPa)物流进行处理,分别采用压缩机、多级压缩机和换热器模块进行设计。真空泵出口温度为 80 ℃,出口压力为 150 kPa,物性方法采用 IDEAL。

解:

(1)在 Properties 环境下输入 O_2 组分,物性方法选择 IDEAL。

(2)进入 Simulation 界面,建立如图 5 - 23 所示的流程图,其中复制器 DUPL、冷却器 HEATER、压缩机 Compr、多级压缩机 MCompr 分别选用模块选项板中 Manipulators|Dupl|BLOCK、Exchangers|Heater|HEATER、Pressure Changers|Compr|ICON2、Pressure Changers|MCompr|ICON1 图标。

(3)点击 ,进入进料设定页面,输入温度为 25 ℃,压力为 0.2 kPa,O_2 流量为 50 kg/h。

(4)点击 ,输入压缩机条件:Model and type 中 Model 选择 Compressor,Type 选择 Isentropic,Outlet specification 选择 Discharge pressure,输入 150 kPa,Efficiencies 中 Isentropic 输入 0.75,Mechanical 输入 1(见图 5 - 24)。

(5)点击 ,输入换热器条件:Flash specifications 中 Flash Type 选择 Temperature 和 Pressure,并输入温度为 80 ℃,压力为 150 kPa(见图 5 - 25)。

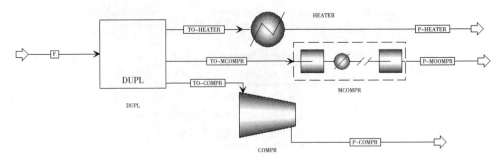

图 5 - 23　真空泵设计流程图

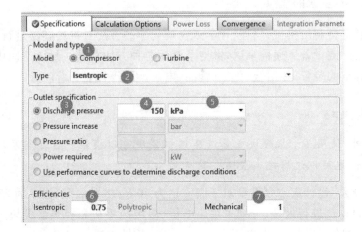

图 5 - 24　输入模块 Compr 的参数

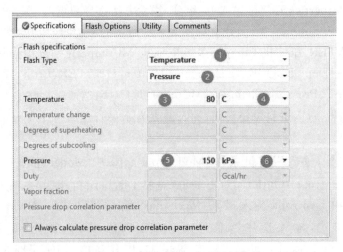

图 5 - 25　输入模块 Heater 的参数

(6)点击 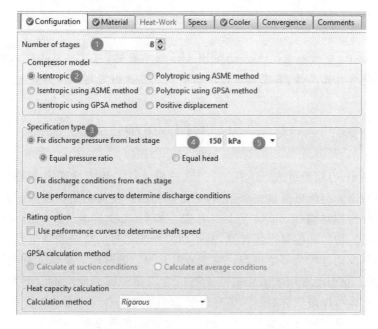 ,输入多级压缩机条件:Configuration 中 Number of stages 输入 8，Compressor model 选择 Isentropic，Specification type 选择 Fix discharge pressure from last stage，并输入 150 kPa，其他设定采用缺省值(见图 5 - 26)；Cooler 中 Stage 输入 1，Specification 选择 Outlet Temp，Value 输入 80，Units 选择 ℃，Pressure drop 缺省为 0；同理设置 Stage 2～8 的参数(见图 5 - 27)。

图 5 - 26 输入模块 MCompr 的参数

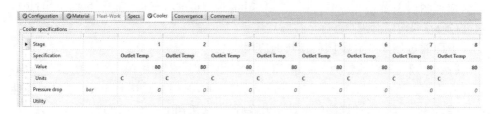

图 5 - 27 输入中间冷却器的参数

(7)点击 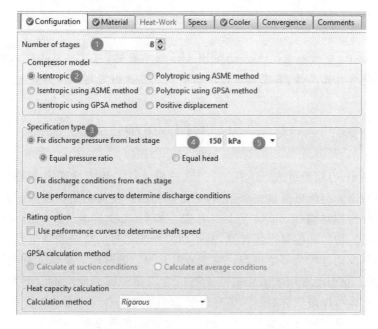 ,出现 Required Input Complete 对话框，点击 OK，运行模拟。

(8)进入 Results Summary|Streams|Materials 页面，可看到各出口物料的结果。根据结果可以发现物流出口压力相同，物料出口温度不一(见图 5 - 28)。压缩机出口物料温度为 1711.3 ℃是由高压缩比导致；换热器指定了出口温度和压力，在不计算功的条件下，可模拟真空泵模型；多级压缩机中各级压缩机之间设有冷却器，可用于物料换热。

| Material | Heat | Load | Work | Vol.% Curves | Wt. % Curves | Petroleum | Polymers | Solids |

		Units	F ▾	P-COMPR ▾	P-HEATER ▾	P-MCOMPR ▾	TO-COMPR ▾	TO-HEAT ▾	TO-MCOMP ▾
▶	Phase		Vapor Ph...	Vapor Phase	Vapor Phase	Vapor Phase	Vapor Phase	Vapor Phase	Vapor Phase
▶	Temperature	C	25	1711.3	80	80	25	25	25
▶	Pressure	kPa	0.2	150	150	150	0.2	0.2	0.2

图 5 - 28　查看物流结果

经验技巧

● 在设置、查看和更改 Streams、Blocks 的参数时,可直接双击进入对应窗口或者右击查看对应属性,在查看运行结果和更改参数时可增加工作效率。

5.5　阀门 Valve

阀门(Valve)模块可进行单相、两相或三相计算。该模块假定流动过程绝热,并将阀门的压降与流量系数关联起来,确定阀门出口物流的热状态和相态。

阀门分为控制阀(Control Valve)和安全阀(Relief Valve)。控制阀可进行进出口物流间的物料和能量平衡计算,基于两股物流相等的质量和焓进行闪蒸计算,该模块假定流动过程为等焓过程。安全阀单元操作通常用来模拟几种类型的弹性安全阀,在工业中经常用来防止由系统的压力积累造成的危险情况的发生。通过安全阀的流体可以是气体、液体、带有沉淀物的液体或者这三者的混合物。

阀门模块有三种计算类型:规定出口压力下的绝热闪蒸、计算指定出口压力下的阀门流量系数和计算指定阀门的出口压力。此外,对阀门模块进行校核计算时,需要指定阀门类型(Valve Type)、厂家(Manufacturer)、系列/规格(Series/Style)、尺寸(Size)和阀门开度(Opening,%)等。

下面通过例 5.6 介绍阀门模块的应用。

【例 5.6】　一股流量为 300 m³/h 的乙二醇物流(温度为 20 ℃、压力为 500 kPa)流经一公称直径为 8 in(1 in＝25.4 mm)的截止阀,阀门的规格为 V500 系列的线性流量阀,开度为 40%,计算阀门出口压力,物性方法采用 PENG - ROB。

解:

(1)在 Properties 环境下输入乙二醇(ETHYLENE - GLYCOL)组分,物性方法选择 PENG - ROB。

(2)进入 Simulation 界面,建立如图 5 - 29 所示的流程图,截止阀选用

图 5 - 29　截止阀设计流程图

模块选项板中 Pressure Changers|Valve|VALVE 图标。

（3）点击 ![Next]，进入进料设定页面，输入温度为 20 ℃，压力为 500 kPa，乙二醇流量为 300 m³/h。

（4）点击 ![Next]，进入截止阀设定页面：Operation 中 Calculation type 选择 Calculate outlet pressure for specified valve(rating)，Valve operating specification 选择％Opening，并输入 40（见图 5 - 30）。Valve Parameters 中 Valve type 选择 Globe，Manufacturer 选择 Neles - Jamesbury，Series/Style 选择 V500_Linear_Flow，Size 选择 8 - IN（见图 5 - 31）。

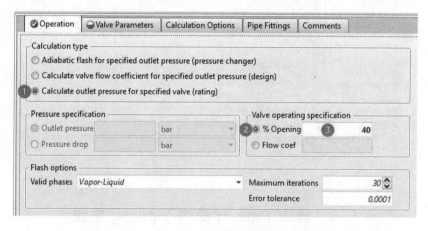

图 5 - 30　输入模块 Valve 的操作条件

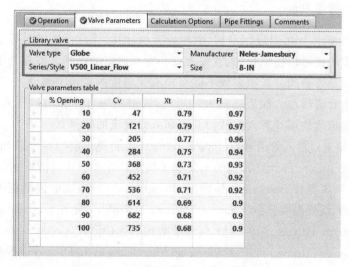

图 5 - 31　输入模块 Valve 的参数

（5）点击 ⏭，出现 Required Input Complete 对话框，点击 OK，运行模拟。

（6）进入 Blocks|VALVE|Results|Summary 页面，可看到本例出口阀压力为 331.591 kPa，压降为 168.409 kPa（见图 5-32）。

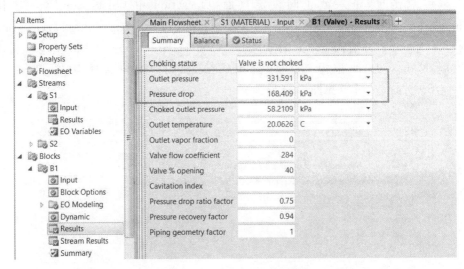

图 5-32　查看 Valve 的结果

5.6　管道 Pipe 与管线 Pipeline 系统

5.6.1　管道 Pipe

管道（Pipe）模块可以进行单相、两相或三相计算，计算流体经过管道的压降和传热量，该模块还可以模拟管件、管道入口和管道出口的压降。单段管道可以是水平的，也可以是倾斜的。模拟多段不同直径或倾斜度的管道需用管线（Pipeline）模块，而不能用管道模块。如果已知入口压力，管道模块可计算出口压力；如果已知出口压力，管道模块可计算入口压力并更新入口物流的数据。

管道模块通过输入管道参数（Pipe Parameters）、传热规定（Thermal Specification）和管件参数（Fittings）等计算管道的压降和传热量。管道参数包括长度（Length）、直径（Diameter）、高度（Elevation）和粗糙度（Roughness）；传热规定包括恒温（Constant Temperature）、线性温度分布（Linear Temperature Profile）、绝热（Adiabatic）和热衡算（Perform Energy Balance）四种类型；管件参数包括连接形式（Connection Type）、管件数目（Number of Fittings）和其余当量长度（Miscellaneous L/D）。管道提供了四种计算模式，各个计算模式所需的数据见表 5-4 所列。

表 5 - 4 　管道的四种计算模式及所需数据

计算模式	必需数据
压降	流量、管段长度、直径和高度差、传热数据、至少有一股物流的温度和一股物流的压力
长度	流量、传热信息、管段直径、进出口压力、一端物流温度、长度的初始估值
流量	管段长度和直径、传热信息、进出口压力、一端物流温度(或一端物流压力和压降)、流量估值
直径	管段长度、其他数据与长度计算相同,直径的初始估值由计算页面的设计选项提供

【例 5.7】　　一股流量为 2500 kg/h 的乙醇蒸气(压力为 450 kPa)流经
ϕ150 mm×5 mm 的管道,管道长 12 m,进口比出口低 5 m,管道内壁粗糙度为
0.03 mm,传热系数为28 W/(m^2 · K)。管道采用螺纹连接,安装有两个闸阀,3 个
90°轴管,环境温度为 10 ℃。计算管道出口乙醇蒸汽压力、温度及管道的热损失,
物性方法采用 PENG - ROB。

解:

(1)在 Properties 环境下输入乙醇(ETHANOL)组分,物性方法选择 PENG - ROB。

(2)进入 Simulation 界面,建立如图 5 - 33 所示的流程图,管道选用模块选项
板中 Pressure Changers|Pipe|H - PIPE 图标。

PIPE

图 5 - 33 　管道设计流程图

(3)点击 ,进入进料设定页面,Pressure 输入 450 kPa,Vapor fraction 输入 1,
Total flow basis 选择 Mass,Total flow rate 输入 2500 kg/hr(见图 5 - 34)。

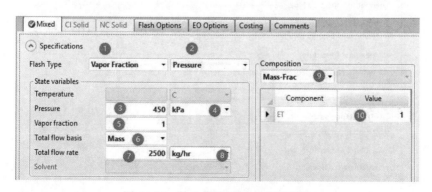

图 5 - 34 　输入模块 Pipe 的进料参数

(4)点击 ⏭,进入管道设定页面:在 Pipe Parameters 页面中,输送类型选择 Fluid flow,Length 中 Pipe length 输入 12 meter,Diameter 中 Inner diameter 输入 140 mm,Elevation 中 Pipe rise 输入 5 meter,Options 中 Roughness 输入0.03 mm (见图 5 - 35)。在 Thermal Specification 页面中,Thermal specification type 选择 Perform energy balance,并勾选 Include energy balance parameters;Energy balance parameters 中 Inlet ambient temperature 和 Outlet ambient temperature 均输入 10 C,Heat transfer coefficient 输入 28 Watt/sqm - K(见图 5 - 36)。在 Fittings 1 页面中,Connection type 选择 Screwed,Number of fittings 中 Gate valves 输入 2,Large 90 deg. elbows 输入 3(见图 5 - 37)。

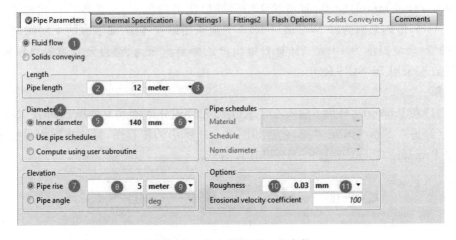

图 5 - 35　输入模块 Pipe 的参数

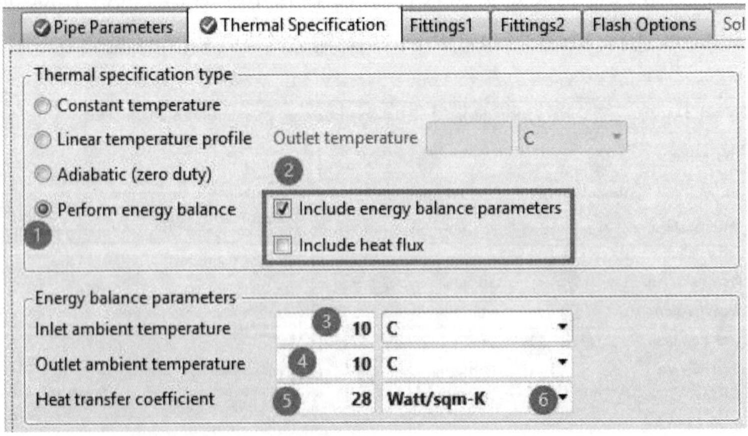

图 5 - 36　输入模块 Pipe 的传热规定

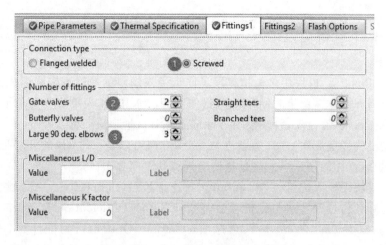

图 5-37　输入模块 Pipe 的管件数据

（5）点击 ^N，出现 Required Input Complete 对话框，点击 OK，运行模拟。

（6）进入 Streams|P|Results|Materials 页面，可看到本例出口物料的温度为 120.818 ℃，压力为 448.794 kPa（见图 5-38）。进入 Blocks|PIPE|Results|Summary 页面，可看到本例管道的热负荷为 -16.3838 kW（见图 5-39）。

	Units	P
Phase		
Temperature	C	120.818
Pressure	kPa	448.794
Molar Vapor Fraction		0.968865
Molar Liquid Fraction		0.0311347

图 5-38　查看物流 P 的主要结果

Total pressure drop	1.15356	kPa
Frictional pressure drop	0.687187	kPa
Elevation pressure drop	0.465563	kPa
Acceleration	0.000806973	kPa
Heat duty	-16.3838	kW
Equivalent length	28.4633	meter

图 5-39　模块 Pipe 的主要结果

5.6.2　管线 Pipeline

管线(Pipeline)模块用来模拟多段不同直径或倾斜度的管道串联组成的管线。在计算压降和液体滞留量时,将多液相(如油相和水相)作为单一均匀的液相来处理。如果存在气-液流动,管线模块可计算液体滞留量和流动状态。

管线模块假定流体一维、稳态流动,流动方向可以是水平的,也可以是有角度的,可以规定流体温度分布或通过热传递计算其温度分布。

管线模块需输入配置(Configuration)、连接状态(Connectivity)等参数来计算管道的压降和传热量。结构配置参数包括计算方向(Calculation Direction)、管道几何结构(Segment Geometry)、热选项(Thermal Options)、物性计算(Properly Calculations)和管道流动基准(Pipeline Flow Basis);连接状态需定义串联管道中每个管道结构参数及管道间连接参数。

【例 5.8】　一股流量为 520 m^3/h 的水(温度为 50 ℃、压力为 520 kPa)流经 Φ160 mm×5 mm 的管道,管道内壁粗糙度为 0.06 mm。管道先降低 3.5 m,再向西延伸28 m,再向南延伸 5 m,再升高 7 m,然后向北延伸 20 m,计算管道出口压力,物性方法采用 STEAM - TA。

解:

(1)在 Properties 环境下输入水(Water)组分,物性方法选择 STEAM - TA。

(2)进入 Simulation 页面,建立如图 5 - 40 所示的流程图,管道选用模块选项板中 Pressure Changers|Pipeline|H - PIPE 图标。

PIPELINE

图 5 - 40　管线设计流程图

(3)点击 ，进入进料设定页面,设置温度为 50 ℃,压力为 520 kPa,体积流量为 520 m^3/h。

(4)点击 ，进入管线设定页面。在 Configuration 页面中,输送类型选择 Fluid flow,Calculation direction 选择 Calculate outlet pressure,Thermal options 选择 Specify temperature profile 并勾选 Constant temperature,Segment geometry 选择 Enter node coordinates,Property calculations 选择 Do flash at each step,

Pipeline flow basis 选择 Use inlet stream flow(见图 5 - 41)。在 Flash Options 页面中，Flash options 中 Valid phases 选择 Liquid - Only(见图 5 - 42)。在 Connectivity 页面中输入模块连接参数。选定基准建立坐标系，然后按照管道走向定义管道坐标。

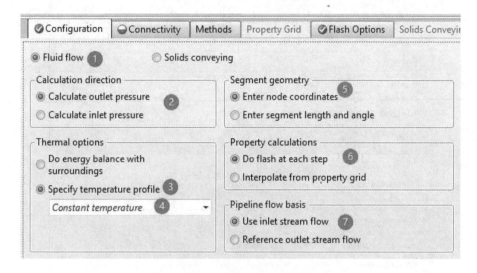

图 5 - 41　输入模块的配置参数

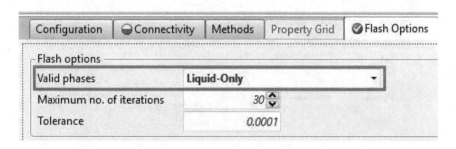

图 5 - 42　设置有效相态

(5)点击 New 按钮，弹出 Segment Data 对话框，输入管道 1 的参数。Inlet node 输入 1，Outlet node 输入 2，以初始点为坐标原点，定义为(0,0,0)，则进口节点为(0,0,0)，出口节点为(0,0,-3.5)，单位为 meter；Segment parameters 中 Diameter 输入 150 mm，Roughness 输入 0.06 mm(见图 5 - 43)。同理，输入管道 2、3、4、5 的参数，输入管道 5 的参数如图 5 - 44 所示。

(6)点击 🔽，查看管线的连接参数(见图 5 - 45)。

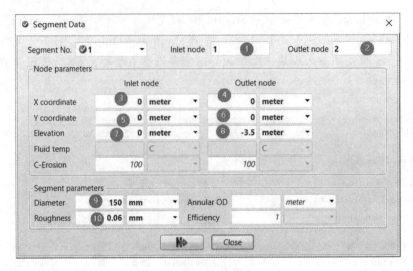

图 5-43 输入管道 1 的参数

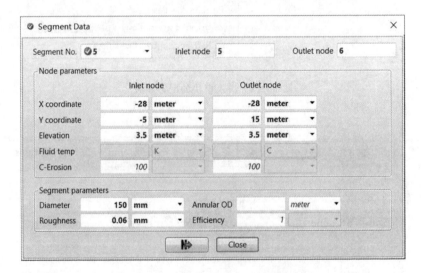

图 5-44 输入管道 5 的参数

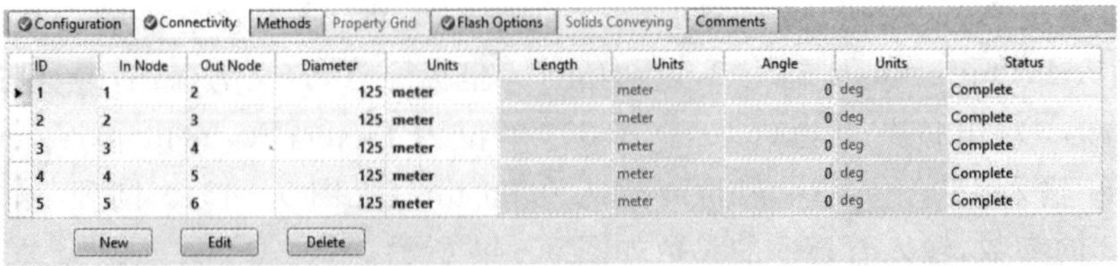

ID	In Node	Out Node	Diameter	Units	Length	Units	Angle	Units	Status
1	1	2	125	meter		meter	0	deg	Complete
2	2	3	125	meter		meter	0	deg	Complete
3	3	4	125	meter		meter	0	deg	Complete
4	4	5	125	meter		meter	0	deg	Complete
5	5	6	125	meter		meter	0	deg	Complete

图 5-45 查看管线连接参数

(7)点击 Next,出现 Required Input Complete 对话框,点击 OK,运行模拟。

(8)进入 Blocks|PIPELINE|Results|Summary 页面,可看到本例管线的出口压力为 260.121 kPa(见图 5-46)。

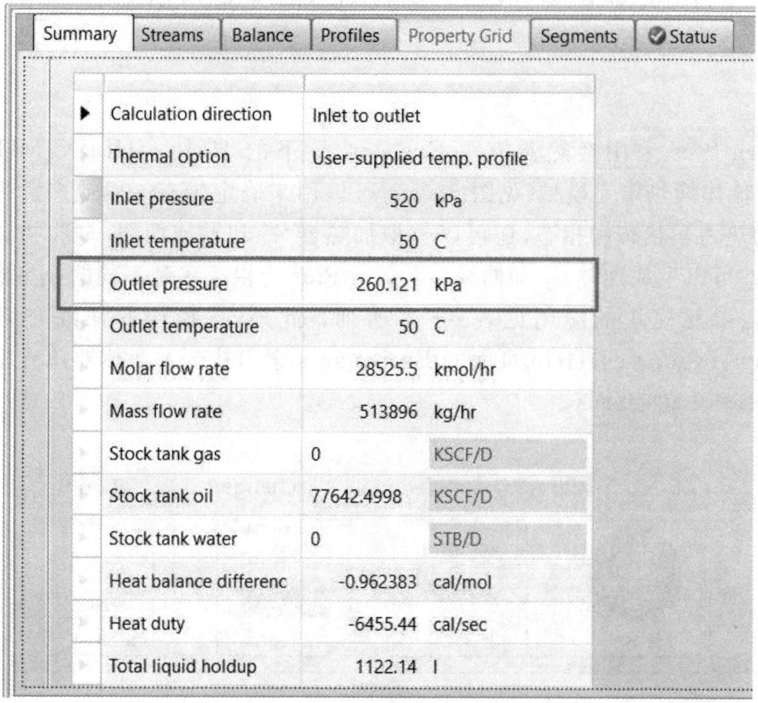

Summary | Streams | Balance | Profiles | Property Grid | Segments | Status

Calculation direction	Inlet to outlet	
Thermal option	User-supplied temp. profile	
Inlet pressure	520	kPa
Inlet temperature	50	C
Outlet pressure	260.121	kPa
Outlet temperature	50	C
Molar flow rate	28525.5	kmol/hr
Mass flow rate	513896	kg/hr
Stock tank gas	0	KSCF/D
Stock tank oil	77642.4998	KSCF/D
Stock tank water	0	STB/D
Heat balance differenc	-0.962383	cal/mol
Heat duty	-6455.44	cal/sec
Total liquid holdup	1122.14	l

图 5-46　模块 Pineline 的主要结果

第6章　换热单元模拟

Aspen Plus 采用换热器模块 Exchangers 下的 Heater、HeatX、MHeatX 和 HXFlux 流体换热单元模型(见图 6-1),可以用来确定带有一股或多股进料物流混合物的热力学状态和相态,还可以模拟加热器/冷却器或两股/多股物流换热器的性能,并可以生成加热/冷却曲线。Aspen Plus 提供了多种不同的换热器单元模块,换热器单元模块的应用见表 6-1 所列。此外,各模块的详细介绍可通过 Simulation|Resources|Help 页面的 Exchangers 索引找到。换热器单元模块较常用的是 Heater 和 HeatX。

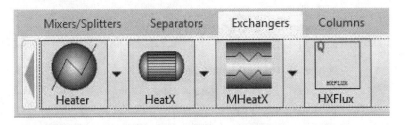

图 6-1　换热器单元模块 Exchangers 所包含的单元模型

表 6-1　换热器单元模块的应用

模　块	描　述	目　的	应　用
Heater	加热器或冷却器	确定出口物流的热力学状态和相态	加热器、冷却器、冷凝器等
HeatX	两股物流换热器	模拟两股物流之间的换热	两股物流换热器,校核结构已知的管壳式换热器,采用严格程序模拟管壳式换热器、空冷器和板式换热器
MHeatX	多股物流换热器	模拟多股物流之间的换热	多股冷热物流换热的换热器,两股物流换热器和 LNG(液化天然气)换热器
HXFlux	传热计算	进行热阱与热源之间的对流传热计算	双面单层换热器

6.1 换热器 Heater

换热器(Heater)模块可进行如下单相或多相计算:泡/露点计算,加入或移走用户指定的热负荷,匹配过热或过冷程度,确定达到一定汽相分数所需要的加热或冷却负荷。

Heater 模块可用于模拟加热器或冷却器(单侧换热器)、已知压降的阀、无须知道功率的泵和压缩机,也可用于设定或改变物流的热力学条件。

Heater 模块必须有一股出口物流,带有可选的水倾析物流,可根据另一模块的热物流提供的热量来确定热负荷。

用户也可使用 Heater 模块直接设置或改变一股物流的热力学状态。

下面通过实例介绍 Heater 模块的应用。

【例 6.1】 设计换热器将一股温度为 35 ℃、压力为 550 kPa、流量为 20 t/h 的乙醇物料加热,换热器供给的热量为 3.14 Gcal/h,换热器压降为 50 kPa,求乙醇出口温度和气相分数。物性方法采用 RK - SOVAE。

解:

(1)在 Properties 环境下输入组分乙醇(Ethanol),选择 RK - SOVAE 物性方法。

(2)点击 ,进入 Simulation 界面,选用 Exchangers|Heater|HEATER 模块建立流程图(见图 6 - 2)。

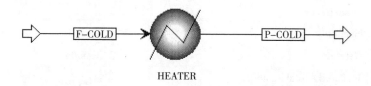

图 6 - 2 例 6.1 换热器 Heater 流程图

(3)点击 ,输入换热器进料条件:温度为 35 ℃、压力为 550 kPa、流量为 20 t/h的乙醇物料。

(4)点击 ,输入换热器条件:Flash Type 选择 Pressure 和 Duty,并输入 -50 kPa 和 3.14 Gcal/hr(见图 6 - 3)。

(5)点击 ,输入换热器条件出现 Required Input Complete 对话框,点击 OK,运行模拟。

(6)进入 Blocks|HEATER|Results|Summary 页面,可看到本例换热器出口物料的温度为 124.634 ℃,气相分数为 0.540053(见图 6 - 4)。

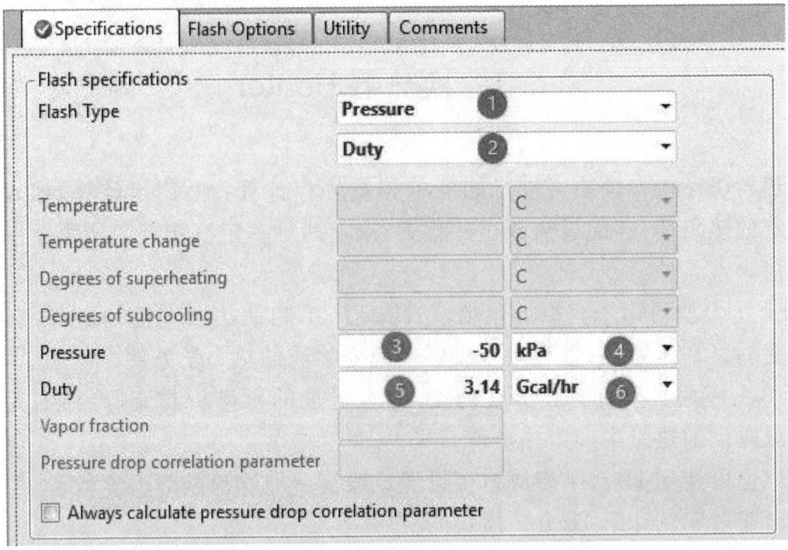

图 6-3 例 6.1 输入模块 Heater 的参数

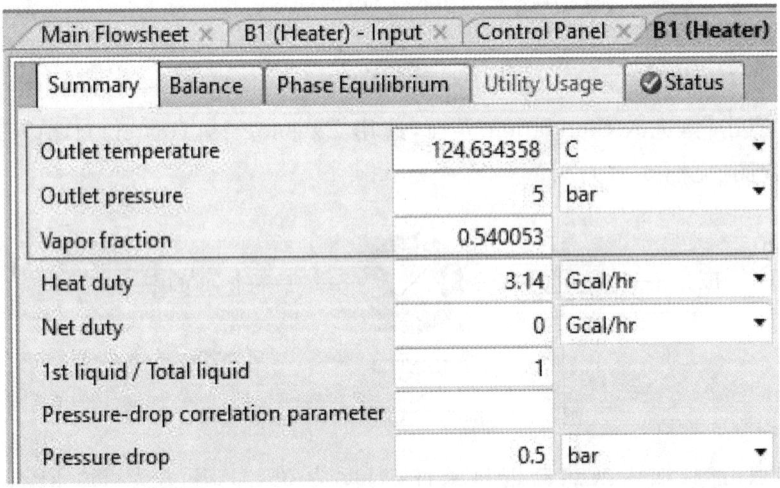

图 6-4 例 6.1 模块 Heater 的主要结果

【例 6.2】 设计换热器将一股温度为 160 ℃、压力为 600 kPa、流量为 6 t/h 的水物料降温至 100 ℃，换热器压降为 50 kPa，求水放出的热量。物性方法采用 RK-SOVAE。

解：

(1)打开【例 6.1】Heater.bkp，在 Properties 环境下输入组分水，其他设置采用缺省。

（2）点击 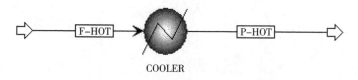，进入 Simulation 界面，选用 Exchangers | Heater | HEATER 模块建立流程图（见图 6-5）。

图 6-5　例 6.2 冷却器 Cooler 流程图

（3）点击 ，输入换热器进料条件：温度为 160 ℃、压力为 600 kPa、流量为 6 t/h 的水物料。

（4）点击 ，输入换热器条件：Flash type 选择 Temperature 和 Pressure，并输入 100 C 和－50 kPa。

（5）点击 ，出现 Required Input Complete 对话框，点击 OK，运行模拟。

（6）进入 Blocks | COOLER | Results | Summary 页面，可看到本例水物料放出的热负荷为－3.24164 Gcal/hr（见图 6-6）。

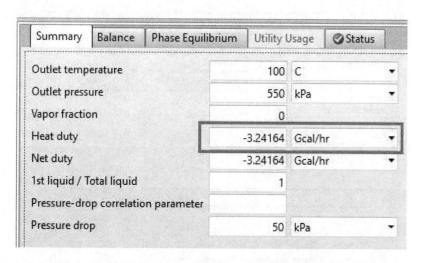

图 6-6　例 6.2 模块 Heater 的主要结果

【例 6.3】　设计换热器流程，采用【例 6.2】中热物流给【例 6.1】中冷物流供热，求乙醇出口温度及气相分数。物性方法采用 RK－SOVAE。

解：

（1）打开【例 6.2】Cooler. bkp，进入 Simulation 界面，点击流股中物流类型选用 Heat Stream 模块建立流程图（见图 6-7）。

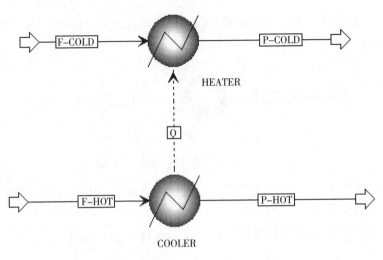

图 6-7　例 6.3 换热器供热流程图

（2）查看 Blocks|HEATER|Specifications 页面，Flash Type 中 Duty 变为灰色（不可用），显示 Inlet heat stream（见图 6-8）。

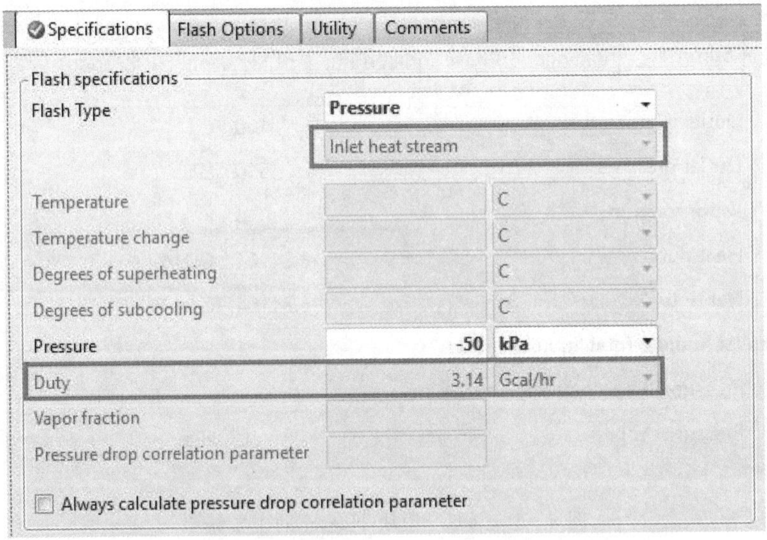

图 6-8　例 6.3 加热器 Heater 的参数

（3）点击 ，出现 Required Input Complete 对话框，点击 OK，运行模拟。

（4）进入 Blocks|HEATER|Results|Summary 页面，可看到本例换热器出口物料的温度为 124.634 ℃（图 6-9 中显示为 124.634 C），气相分数为 0.570953（见图 6-9）。

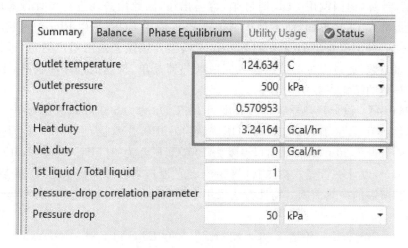

图 6 - 9　例 6.3 模块 Cooler 的主要结果

6.2　两股物流换热器 HeatX

两股物流换热器(HeatX)主要有三种计算选项:①Shortcut:可进行简捷设计或模拟,用较少的输入来模拟或设计一台换热器,不需要知道换热器的详细结构。②Detailed:在知道换热器的详细结构的情况下,可进行详细的核算或模拟,但不能进行换热器设计。③Rigorous:包括 Shell&Tube 或 AirCooled 选项,可进行严格的设计、核算或模拟。

不同计算选项的主要区别在于总传热系数的计算程序不同。Shortcut 采用用户规定的或缺省的总传热系数值。Detailed 采用关于膜系数的严格的传热关联式,并结合管程和壳程阻力与壁阻来计算总传热系数。因此,Detailed 需要知道换热器的结构。Rigorous 采用关于膜系数的 EDR 模型,并结合两侧阻力与壁阻来计算总传热系数。不同 EDR 程序有许多不同的方法,用户需要指定程序的输入文件名称。不管是 Detailed 还是 Rigorous,在进行换热器的核算或模拟时,都需要确定换热器总体结构(换热器内物流的流动方式)。

HeatX 中,用户必须指定冷热物流进口条件和换热器的如下性能之一:冷物流或热物流的出口温度或温度变化、冷物流或热物流的出口摩尔气相分数、冷物流或热物流的出口过热或过冷程度、换热器热负荷、传热表面积、当传热面积缺失时 UA 为可选项。

由于 HeatX 的 Detailed 不能进行严格的设计计算,而 Rigorous 虽然能进行严格的设计计算,但因调用 EDR 时麻烦,容易出错,因此用户在进行设计计算时,更多地直接进入 EDR 界面,而不是从 Aspen Plus 调用 EDR(采用 Rigorous 选项)。

下面通过实例介绍 HeatX 的 Shortcut 模型。该模型采用用户指定(或缺省)的总传热系数,通过很少的信息输入完成换热器简单、快速的设计和核算,不需要提供换热器的结构参数。

【例 6.4】 设计换热器将一股温度为 10 ℃、压力为 500 kPa、流量为 10 t/h 的乙二醇物料用热水加热,乙二醇的压降为 40 kPa,热水温度为 120 ℃、压力为 600 kPa、流量为 20 t/h,热水出口温度为 100 ℃、压降为 40 kPa。选择 HeatX 模块的 Shortcut,设计一管壳式换热器(热物流走壳程),求乙二醇出口温度、换热器的热负荷和所需的换热面积。物性方法采用 RK - SOVAE。

解:

(1)在 Properties 环境下输入组分乙二醇(ETHYLENE - GLYCOL)和水(WATER),选择 RK - SOVAE 物性方法。

(2)点击 ![Next],进入 Simulation 界面,选用 Exchangers|HeatX|GEN - HS 模块建立流程图(见图 6 - 10)。

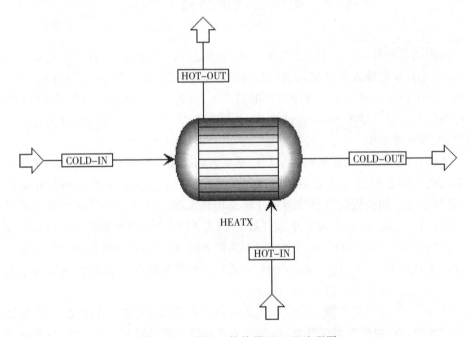

图 6 - 10　例 6.4 换热器 HeatX 流程图

(3)点击 ![Next],输入换热器冷物流进料条件:温度为 10 ℃、压力为 500 kPa、流量为 10 t/h 的乙二醇物料。点击 ![Next],输入换热器热物流进料条件:温度为 120 ℃、压力为 600 kPa、流量为 20 t/h 的水物料。

（4）点击 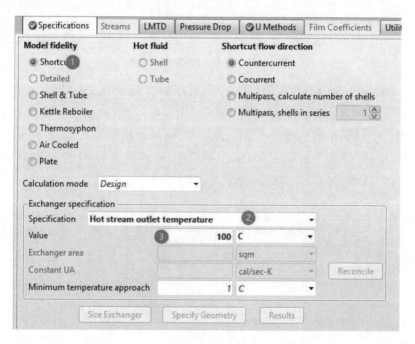 ，输入换热器设定条件：在 Specifications 页面中，Model fidelity 选择 Shortcut，Calculation mode 缺省为 Design，Exchanger Specification 中 Specification 选择 Hot stream outlet temperature，并输入 100 C（见图 6 - 11）。在 Pressure Drop 页面中，Side 选择 Hot Side，Hot side pressure options 选择 Outlet pressure，并输入－40 kPa（见图 6 - 12）；Side 选择 Cold Side，Cold side pressure options 选择 Outlet pressure，并输入－40 kPa（见图 6 - 13）。

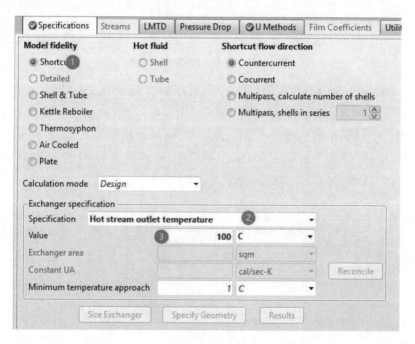

图 6 - 11　例 6.4 换热器 HeatX 的参数

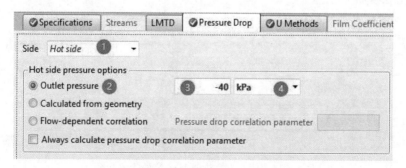

图 6 - 12　例 6.4 热物流的压降

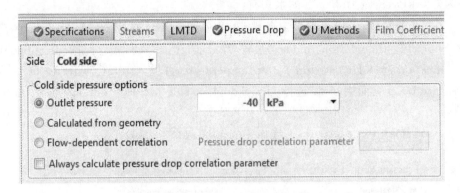

图 6-13　例 6.4 冷物流的压降

（5）点击 ，出现 Required Input Complete 对话框，点击 OK，运行模拟。

（6）进入 Blocks｜HEATX｜Thermal Results｜Summary 页面，可看到本例换热器冷物料（乙二醇）出口的温度为 89.2859 ℃，换热器热负荷为 0.425309 Gcal/hr（见图 6-14）；进入 Exchanger Details 页面，可看到本例所需的换热面积为 10.5526 m² （见图 6-15）。

| Summary | Balance | Exchanger Details | Pres Drop/Velocities | Zones | Utility Usage | ✓ Status |

Heatx results

Calculation Model	Shortcut			
		Inlet		Outlet
Hot stream:	HOT-IN		HOT-OUT	
Temperature	120	C	100	C
Pressure	6	bar	5.6	bar
Vapor fraction	0		0	
1st liquid / Total liquid	1		1	
Cold stream	COLD-IN		COLD-OUT	
Temperature	10	C	89.2859	C
Pressure	5	bar	4.6	bar
Vapor fraction	0		0	
1st liquid / Total liquid	1		1	
Heat duty	0.425309	Gcal/hr		

图 6-14　例 6.4 换热器 HeatX 的物流参数

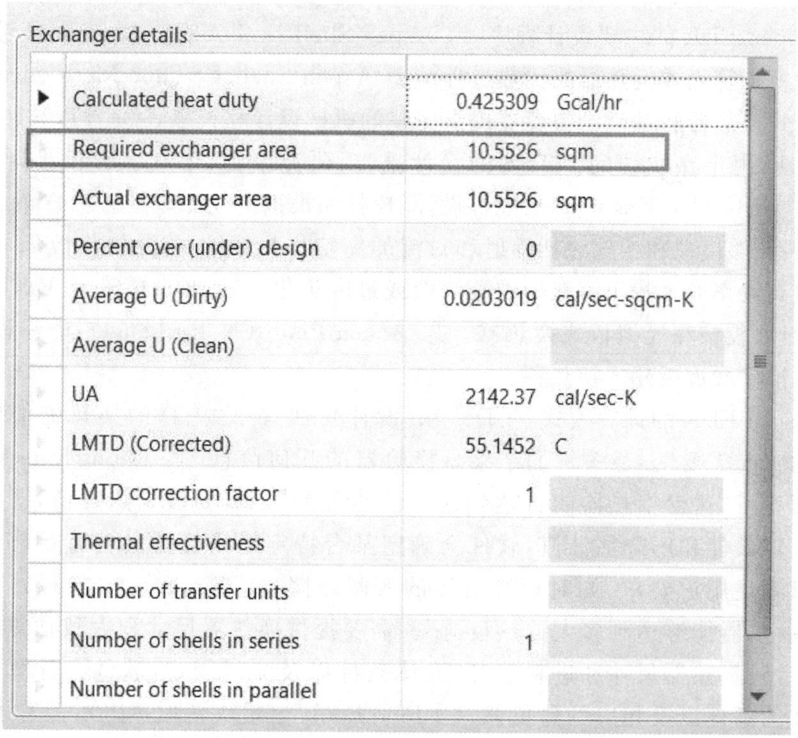

图 6-15　换热器 HeatX 的设计结果

6.3　调用 EDR 进行换热器设计

Aspen Exchanger Design and Rating(Aspen EDR)是美国 AspenTech 公司推出的一款传热计算工程软件套件,包含在 AspenONE 产品之中。它能够为用户提供较优的换热器设计方案,AspenTech 将工艺流程模拟软件和综合工具进行整合,最大限度地保证了数据的一致性,提高了计算结果的可信度,有效减少了错误操作。

Aspen7.0 以后的版本已经实现了 Aspen Plus、Aspen HYSYS 和 Aspen EDR 的对接,即 Aspen Plus 可以在流程模拟工艺计算之后直接无缝集成转入换热器的设计计算,使 Aspen Plus、Aspen HYSYS 流程计算与换热器详细设计一体化,不必单独将 Aspen Plus 计算的数据导出再导给换热器计算软件,用户可以很方便地进行数据传递并对换热器详细尺寸在流程中带来的影响进行分析。

  Aspen EDR 的主要设计程序：① Aspen Shell & Tube Exchanger：能够设计、校核和模拟管壳式换热器的传热过程。② Aspen Shell & Tube Mechanical：能够为管壳式换热器和基础压力容器提供完整的机械设计和校核。③ HTFS Research Network：用于在线访问 HTFS 的设计报告、研究报告、用户手册和数据库。④ Aspen Air Cooled Exchanger：能够设计、校核和模拟空气冷却器。⑤ Aspen Fired Heater：能够模拟和校核包括辐射和对流的完整加热系统，排除操作故障，最大限度地提高效率或者找出潜在的炉管烧毁或过度焦化。⑥ Aspen Plate Exchanger：能够设计、校核和模拟板式换热器。⑦ Aspen Plate Fin Exchanger：能够设计、校核和模拟多股流板翅式换热器。

  Aspen EDR 的计算模式：①Design（设计）：回答了"怎样的换热器能够满足给定的工况需要"。最关键的结果是换热器的几何信息。②Rating/Checking（校核）：回答了"这台换热器能否达到这样的热负荷"。需要设定热负荷，同时给出流体入口条件和压降估计值，软件会确定某台特定的换热器是否有足够的换热面积以满足用户要求，同时计算流体的实际压降。③Simulation（模拟）：回答了"这台换热器能够达到多大的热负荷"。需要提供换热器尺寸和大致估算的热负荷，通常将换热器尺寸和进料热/冷流体条件以及流量固定，软件会计算出另一股流体的条件以及相应的热负荷。④Find Fouling（最大污垢热阻）：回答了"对于已知的换热器，多大的污垢热阻值能够使其达到需要的热负荷"。之所以命名为最大污垢热阻是因为该污垢热阻值是该换热器在现有换热能力下污垢热阻的最大数值。

  【例 6.5】 采用 EDR 完成表 6-2 的换热器设计。

表 6-2　用 EDR 设计合成气冷凝器

名称（位号）	合成气冷却器 08-E003B	
目的	冷凝 NH₃	
相对	壳程	管程
介质	水	合成气
进温度/℃	8	42
出温度/℃	18	25
压力/MPaG	0.8	10
压降/MPaG	按计算选型	按计算选型
流量/(t/h)	按计算选型	262.02

（续表）

名称(位号)	合成气冷却器 08 - E003B	
组分	水 100%	摩尔组分：$H_2/50.29\%$、$N_2/25.28\%$、$CH_4/6.54\%$、$NH_3/16.36\%$、惰性气体/1.53%
接管尺寸 DN	按计算选型	按计算选型
(长×宽×高)/mm	按计算选型	
型式与材质	管壳立式，SSS 347	

（1）从程序｜AspenTech｜AspenEDR｜New 进入界面，并选择 Shell & Tube（见图 6-16）。用户可先保存文件，默认后缀 .EDR，之后可随时保存，避免信息丢失。

（2）在 Console｜Geometry 界面左上角将单位制改为 SI 基准，并注意设计要求修改相应选项，如计算模式为 Design，热流体位置为管程（如果用户不确定热流体位置，可选择 Program，由系统根据冷热流体性质自动确定，

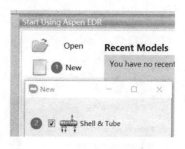

图 6-16　EDR 进入界面

一般默认热流体为壳程）等。如果用户能更准确地指定流体应用具体类型，将有助于程序的收敛和计算结果的可靠。Shell & Tube Exchanger 应用页面如图 6-17 所示。

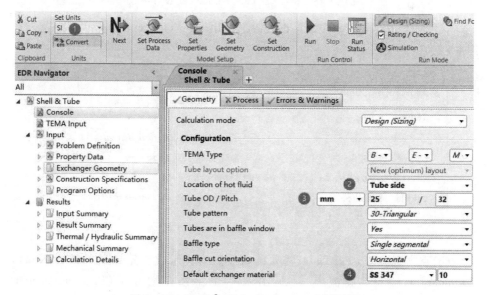

图 6-17　Shell & Tube Exchanger 应用页面

(3)在 Process 页面上输入必要的信息(见图 6 - 18)。

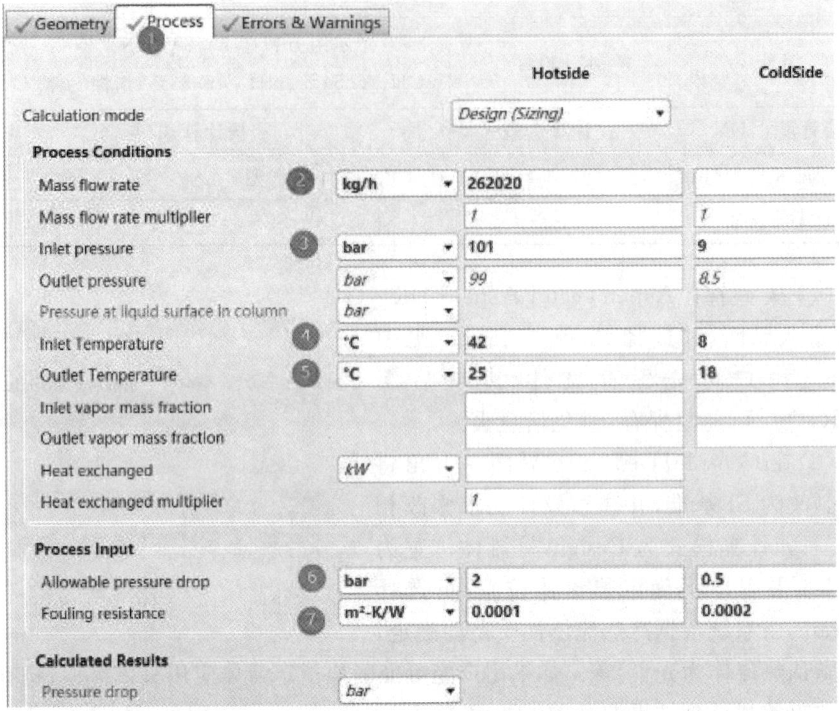

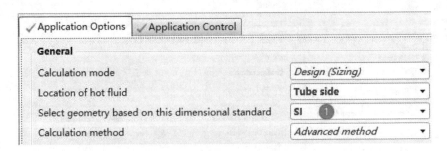

图 6 - 18 Shell & Tube Exchanger 设计参数

(4)点击 Input|Problem Definition|Application Options,将标准更改为 SI(见图 6 - 19)。

图 6 - 19 Application Options 界面

(5)点击 Set Process Data,需要确认冷热物流组成。先打开 Hot Stream(1)Compostions 输入热物流组成(见图 6 - 20)。选择物性包(Physical property package)中的 Aspen Properties,其输入组分需要通过正下方的 Search Databank

进行添加或删除。

（6）在 Property Methods 界面下修改热物流的物性方法（Aspen property method）为 PENG - ROB，Aspen flash option 仅考虑气液两相（Vapor - Liuquid）。

（7）查看热物流计算节点数为 8、温度为 42～25 ℃、压力为 101～98.98 bar 是否合理。值得注意的是，上述数值为系统自动给定，用户需要确认。表中数据空白，系统可以在运行时自动填充或者是点击 Get Properties 运算得到（见图 6 - 21）。

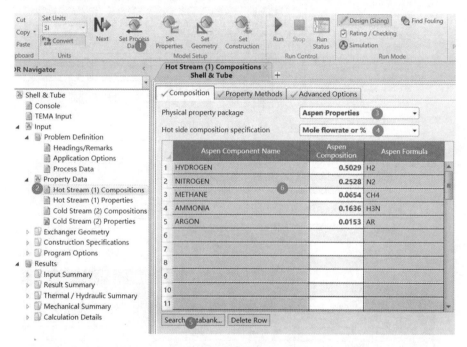

图 6 - 20　输入热物流组成

		1	2	3	4	5	6	7	8	9
Temperature	°C	42	37.69	33.39	29.83	29.64	28.52	27.37	26.2	25
Liquid density	kg/m³					583.17	585.11	587.08	589.08	591.11
Liquid specific heat	KJ/(kg-K)					4.917	4.9	4.884	4.867	4.85
Liquid viscosity	mPa-s					0.1128	0.1141	0.1155	0.117	0.1185
Liquid thermal cond.	W/(m-K)					0.3047	0.3057	0.3067	0.3078	0.3088
Liquid surface tension	N/m					0.0037	0.0038	0.0038	0.0039	0.004
Liquid molecular weight						17.03532	17.03609	17.03688	17.03767	17.03848
Specific enthalpy	KJ/kg	-982	-993.7	-1005.3	-1014.9	-1017	-1028.6	-1040.2	-1051.9	-1063.5
Vapor mass fraction		1	1	1	1	0.9985545	0.9902114	0.981991	0.973895	0.9659254
Vapor density	kg/m³	48.47	49.24	50.04	50.72	50.72	50.73	50.75	50.77	50.8
Vapor specific heat	kJ/(kg-K)	2.699	2.705	2.711	2.717	2.716	2.715	2.714	2.712	2.711
Vapor viscosity	mPa-s	0.0164	0.0163	0.0161	0.016	0.016	0.016	0.0159	0.0159	0.0159
Vapor thermal cond.	W/(m-K)	0.0833	0.0823	0.0812	0.0804	0.0804	0.0806	0.0809	0.0811	0.0813
Vapor molecular weight		12.54219	12.54219	12.54219	12.54219	12.53741	12.50957	12.4818	12.45411	12.42651

图 6 - 21　查看热物流的计算数据

(8)与热物流类似,设置冷物流(见图6-22和图6-23)。

(9)点击运行,弹出如图6-24所示的运行警告窗口。这主要是由于未考虑到相分离,出现了气液两相。此外,提示设计方案5是最佳的设计方案。

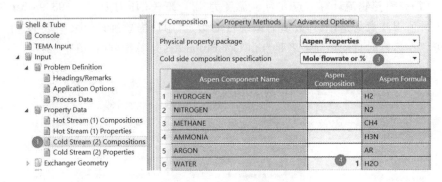

图6-22　输入冷物流组成

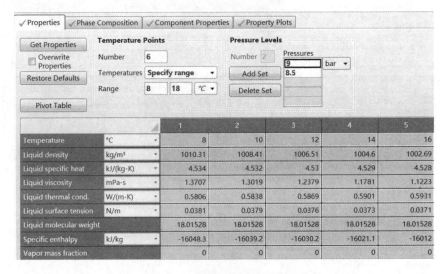

图6-23　查看冷物流的计算数据

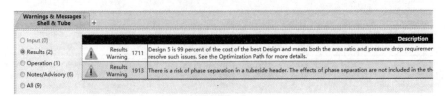

图6-24　运行警告窗口

（9）点击 Optimization Path，在众多设计方案中，选择合适的设计方案。例如，本例选择系统推荐的最佳设计方案 Design 5（见图 6-25）。

（10）将选择的设计方案添加到核算模式。在 Console 界面，把计算模式 Calculation mode 切换为 Rating/Checking 模式，弹出窗口如图 6-26 所示，点击 Use Current。Design 5 的参数将自动填充到相应的表格中（见图 6-27）。

（11）在 Results|Result Summary|TEMA Sheet 页面查看所设计的换热器结构（见图 6-28）。

		Shell	Tube Length			Pressure Drop				Baffle
Item	Size	Actual	Reqd.	Area ratio	Shell	Dp Ratio	Tube	Dp Ratio	Pitch
	mm	mm	mm		bar		bar		mm
1	1	850	6000	6582.5	0.91 *	0.30247	0.6	0.72987	0.36	585
2	2	875	6000	6634.7	0.9 *	0.36946	0.74	0.11234	0.06	455
3	3	875	6000	6286.3	0.95 *	0.29854	0.6	0.62222	0.31	550
4	4	900	6000	6312	0.95 *	0.28916	0.58	0.10409	0.05	565
5	5	900	5850	5822.1	1	0.49211	0.98	0.554	0.28	465
6	6	925	6000	6120.4	0.98 *	0.27178	0.54	0.10007	0.05	580
7	7	925	5850	5772.7	1.01	0.1991	0.4	0.49291	0.25	785
8	8	950	5850	5805.1	1.01	0.18434	0.37	0.09164	0.05	785
9	9	950	5550	5489.2	1.01	0.19717	0.39	0.43313	0.22	655
10	10	975	5700	5693.1	1	0.19011	0.38	0.08699	0.04	675
11	11	975	5250	5123.4	1.02	0.4112	0.82	0.36215	0.18	460
12	12	975	5250	4827.4	1.09	0.19627	0.39	2.62749	1.31 *	675
13	13	1000	5400	5382.3	1	0.19117	0.38	0.07911	0.04	630
14	14	1025	5250	5232.3	1	0.18474	0.37	0.07565	0.04	630
15	15	625	6000	6546	0.92 *	0.41917	0.84	0.11288	0.06	330
16	16	625	6000	6385.5	0.94 *	0.17933	0.36	0.64654	0.32	585
17	17	650	6000	6466.3	0.93 *	0.14962	0.3	0.10623	0.05	595
18	18	650	6000	5889.9	1.02	0.23654	0.47	0.53881	0.25	495
19	19	675	5850	5843.2	1	0.21302	0.43	0.09304	0.05	465
20	20	675	5550	5524.7	1	0.45176	0.9	0.46253	0.23	290
21	21	700	5700	5695	1	0.15889	0.32	0.08702	0.04	530
22	22	700	5400	5353.3	1.01	0.24398	0.49	0.40067	0.2	365
23	23	700	5550	5056.4	1.1	0.10837	0.22	2.83404	1.42 *	710
24	24	725	5550	5462.2	1.02	0.16758	0.34	0.08173	0.04	455
25	25	725	4950	4816.1	1.03	0.49914	1	0.31435	0.16	255
26	26	725	5250	4819	1.09	0.10189	0.2	2.46016	1.23 *	665
27	27	750	5250	5186.6	1.01	0.10767	0.22	0.0741	0.04	625
28	28	550	6000	5993.1	1	0.44679	0.89	0.0943	0.05	250
29	29	575	5550	5534.9	1	0.42571	0.85	0.08139	0.04	235
30	30	600	5400	5310.1	1.02	0.24175	0.48	0.0746	0.04	290
31	31	625	6000	6422.5	0.93 *	0.57094	1.14 *	0.81793	0.41	785
32	32	650	6000	5733	1.05	0.54947	1.1 *	0.64202	0.32	785

图 6-25　查看优化设计的换热器设计方案

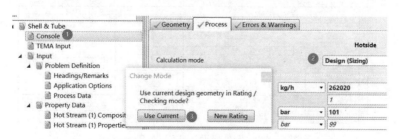

图 6-26　添加选择的设计方案

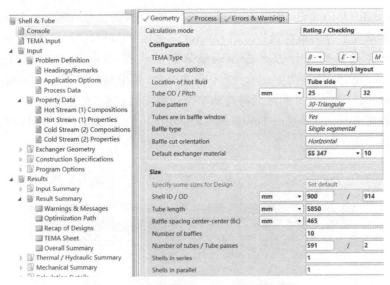

图 6 - 27　自动导入 Design 5 的参数

TEMA Sheet

Heat Exchanger Specification Sheet

1	Company:					
2	Location:					
3	Service of Unit:	Our Reference:				
4	Item No.:	Your Reference:				
5	Date:	Rev No.:	Job No.:			
6	Size: 900 - 5850 mm	Type: BEM Horizontal	Connected in: 1 parallel 1 series			
7	Surf/unit(eff.) 259.4 m²	Shells/unit 1	Surf/shell(eff.) 259.4 m²			
8	PERFORMANCE OF ONE UNIT					
9	Fluid allocation		Shell Side		Tube Side	
10	Fluid name					
11	Fluid quantity, Total	kg/s	125.0554		72.7833	
12	Vapor (In/Out)	kg/s	0		25.804	23.5341
13	Liquid	kg/s	125.0554	125.0554	0	2.2699
14	Noncondensable	kg/s	0	0	46.9794	46.9794
15						
16	Temperature (In/Out)	°C	8	18	42	25.29
17	Bubble / Dew point	°C	/	/	-75.29 / 29.83	-75.45 / 29.7
18	Density Vapor/Liquid	kg/m³	/ 1010.3	/ 1000.7	48.47 /	50.54 / 590.69
19	Viscosity	mPa-s	/ 1.3707	/ 1.0702	0.0164 /	0.0159 / 0.1182
20	Molecular wt, Vap				12.54	12.44
21	Molecular wt, NC				10.71	10.71
22	Specific heat	kJ/(kg-K)	/ 4.534	/ 4.526	2.699 /	2.711 / 4.855
23	Thermal conductivity	W/(m-K)	/ 0.5806	/ 0.5962	0.0833 /	0.0812 / 0.3091
24	Latent heat	kJ/kg			1036.8	1043.2
25	Pressure (abs)	bar	9	8.50789	101	100.446
26	Velocity (Mean/Max)	m/s	0.97 / 1.01		13.27 / 13.6	
27	Pressure drop, allow./calc.	bar	0.5	0.49211	2	0.554
28	Fouling resistance (min)	m²-K/W	0.0002		0.0001	0.00012 Ao based
29	Heat exchanged 5657.5	kW		MTD (corrected) 16.8		°C
30	Transfer rate, Service 1298		Dirty 1304.3	Clean 2214.8		W/(m²-K)
31	CONSTRUCTION OF ONE SHELL				Sketch	
32			Shell Side	Tube Side		
33	Design/Vacuum/test pressure	bar	10 /	112 /		
34	Design temperature / MDMT	°C	55 /	80 /		
35	Number passes per shell		1	2		
36	Corrosion allowance	mm	0	0		
37	Connections	In	mm	1 355.6 / -	1 457.2 /	
38	Size/Rating	Out	1 304.8 / -	1 457.2 / -		
39	ID	Intermediate				
40	Tube # 591 OD: 25 Tks. Average 1.65 mm Length: 5850 mm Pitch: 32 mm Tube pattern: 30					
41	Tube type: Plain Insert: None Fin#: #/m Material: SS 347					
42	Shell SS 347 ID 900 OD 914 mm Shell cover -					

图 6 - 28　换热器设计 TEMA Sheet 清单

（12）在 Results｜Thermal/Hydraulic Summary｜Performance 查看所设计的换热器性能情况（见图 6 - 29）。

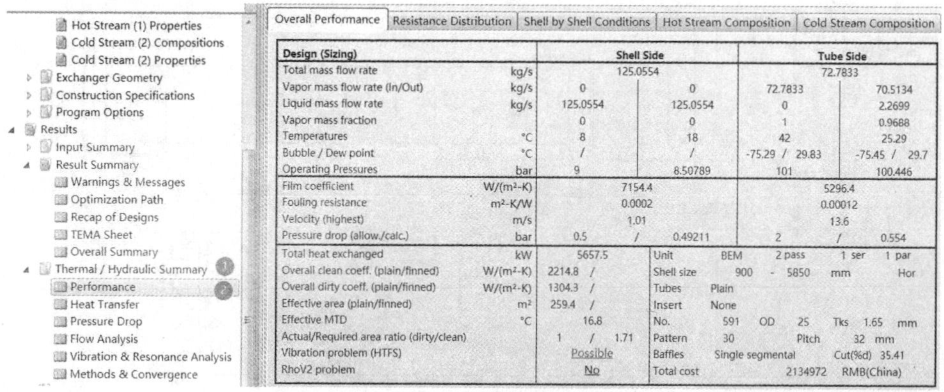

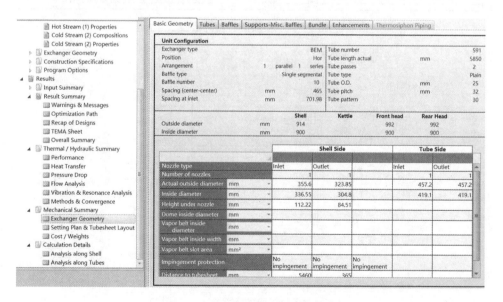

图 6 - 29　换热器的性能参数

（13）在 Results｜Mechanical Summary｜Exchanger Geometry 查看所设计的换热器几何结构数据（见图 6 - 30）。

图 6 - 30　换热器的几何结构数据

（14）在 Results｜Mechanical Summary｜Seting Plan & Tubesheet Layout｜Seting Plan 查看所设计的换热器几何结构（见图 6 - 31）。

（15）在 Results｜Mechanical Summary｜Seting Plan & Tubesheet Layout｜Tubesheet Layout 查看所设计的换热器布管信息（见图 6 - 32）。

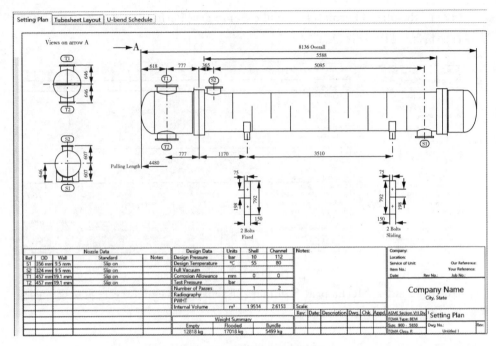

图 6-31 换热器的几何结构

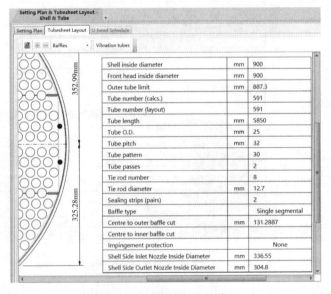

图 6-32 换热器的布管信息

用户如果还有其他设计要求,可在 Input | Problem Definetion 或者 Input | Process data 等相应位置进行定义,这里不再赘述。

第7章　精馏与吸收过程的建模与模拟

Aspen Plus 采用塔模块 Columns 下的 DSTWU、Distl、RadFrac、Extract 等塔单元模型(见图 7-1),可以模拟常规精馏、吸收、萃取、复杂精馏(如共沸精馏、萃取精馏、反应精馏)等过程,包括进行操作型计算和设计型计算。塔器分离模块的应用见表 7-1 所列。此外,各模块的详细介绍可通过 Simulation | Resources | Help 页面的 Columns 索引找到。

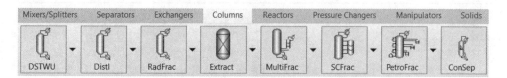

图 7-1　塔模块 Columns 所包含的单元模型

表 7-1　塔器分离模块的应用

模　块	描　述	目　的	应　用
DSTWU	用 Winn-Underwood-Gilliland 进行简捷精馏塔设计	确定最小回流比、最少塔板数和实际回流比、实际塔板数等	一股进料、两个产品的塔
Distl	用 Edmister 法进行简捷精馏塔核算	根据回流比、板数、馏出与进料比确定分离程度	一股进料、两个产品的塔
SCFrac	复杂的石油分馏单元的简捷精馏	用分馏指标确定产品组成和流率、每段板数、热负荷	复杂塔,如原油单元和减压塔
RadFrac	严格分离	对单个塔进行严格核算和设计计算	普通精馏、吸收、汽提、萃取精馏、共沸精馏、三相精馏、反应精馏等
MultiFrac	复杂塔的严格分馏	对任意复杂的多塔进行严格核算和设计计算	热集成塔、空分塔、吸收/汽提相组合、乙烯厂初馏塔或急冷塔组合、炼油厂应用

（续表）

模 块	描 述	目 的	应 用
PetroFrac	炼油分馏	对炼油过程的复杂塔进行严格核算和设计计算	预闪蒸塔、常压原油单元、真空单元、润滑油减压分馏塔、乙烯厂初馏塔或急冷塔组合
Extract	严格的液液萃取	模拟溶剂逆流萃取	液液萃取塔
ConSep	用 Aspen 精馏合成的简捷精馏	执行边界值逐板计算确定塔设计是否可行，交互设计功能允许在检查三元图时修改设计	用于一个进料、两个产品和三个组分的塔
BatchSep	间歇精馏塔	间歇精馏过程模拟	多组分的间歇精馏分离

经验技巧

● 在新塔设计时，常用 DSTWU 确定最小回流比、最小理论板数、实际回流比、实际塔板数、进料位置、馏出与进料量比、塔顶/塔釜热负荷等基本参数，再用 RadFrac 进行严格核算和设计。当然，有经验的工程师也往往直接从 RadFrac 开始。

7.1 精馏塔简捷设计模块 DSTWU

DSTWU 对一个带有分凝器或全凝器、一股进料和两个产品的精馏塔进行简捷法（Winn-Underwood-Gilliland）设计计算。在计算过程中，DSTWU 假设精馏过程各塔板具有恒定的摩尔流量且组分之间具有恒定的相对挥发度，利用 Winn 方程计算最小理论板数，通过 Underwood 公式计算最小回流比，依据 Gilliland 关联式确定在指定回流比下所需要的理论板数及进料位置，或在指定理论板数下所需要的回流比及进料位置。DSTWU 模块有四组模块设定参数：

（1）塔设定（Column specifications）：包括理论板数（Number of stages）和回流比（Reflux ratio），回流比与理论板数仅允许规定一个。

（2）关键组分回收率（Key component recoveries）：所谓关键组分，就是进料中按分离要求选取的两个组分（多数是挥发度相邻的两个组分），它们对物系的分离起着控制作用，且它们在塔顶或塔釜产品中的回收率或浓度通常是给定的，因而在设计中起着重要作用。这两个组分中,挥发度大的称为轻关键组分,挥发度小的称为重关键组分。

Aspen Plus 规定,轻关键组分在塔顶产品中的摩尔回收率等于塔顶产品中的轻关键组分摩尔流量与进料中的轻关键组分摩尔流量的比值,重关键组分在塔顶产品中的摩尔回收率等于塔顶产品中的重关键组分摩尔流量与进料中重关键组分摩尔流量的比值。

(3)压力(Pressure):包括冷凝器压力、再沸器压力。塔压的选择实质上是塔顶、塔底温度选取的问题,塔顶、塔底产品的组成是由分离要求规定的,故据此及公用工程条件和物系性质(如热敏性等)确定塔顶、塔底温度,继而确定塔压,塔的压降是由塔的水力学计算决定的。操作压力可以采用简化法试算,即先假设一操作压力,若温度未满足要求则调整压力,直至温度满足要求。

(4)冷凝器设定(Condenser specifications):包括全凝器(Total condenser),带汽相塔顶产品的部分冷凝器(Partial condenser with all vapor distillate),带汽、液相塔顶产品的部分冷凝器(Partial condenser with vapor and liquid distillate)。

经验技巧

● 选择规定回流比时,输入值>0,表示实际回流比;输入值≤−1,其绝对值表示实际回流比与最小回流比的比值。

● 选择规定理论板时,理论板数包括冷凝器和再沸器,且规定精馏塔的塔板编号是由上往下逐渐增大的,其中冷凝器(如果有)是第一块,再沸器是最后一块。此外,如果没有特别标明,汽化分数、回流比、采出比、回收率等信息,均以摩尔为基准。

● DSTWU 模块通过计算可给出最小回流比、最小理论板数、实际回流比、实际理论板数(包括冷凝器和再沸器)、进料位置、冷凝器热负荷和再沸器热负荷等参数,并产生一个可选的回流比-理论板数的曲线图或表格,尤其是回流比与理论板数的关系曲线对确定精馏塔的实际板数有重要参考价值。但其计算精度不高,常用于初步设计,其计算结果可为严格精馏计算提供初值。

7.1.1　DSTWU 操作模拟

【例 7.1】　简捷法设计一个精馏塔。进料为甲醇和水的混合液,其中含甲醇30%、水 70%(质量分数,下同),流量 100 t/h,饱和液体进料,进料压力 130 kPa,塔顶为全凝器,冷凝器压力为 100 kPa,再沸器压力为 130 kPa,实际回流比取最小回流比的 1.3 倍。要求塔顶甲醇、塔底水的含量不低于 99.5%,物性方法 NRTL - RK。试用 DSTWU 计算精馏塔理论/实际板数、进料位置、塔顶馏出量与进料量比

（简称"馏出比"）。

解：

（1）在 Properties 环境下输入组分［见图 7-2(a)］，选择 NRTL-RK 物性方法［见图 7-2(b)］，并查看 NRTL 二元交互参数，本例采用缺省值。

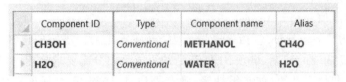

（a）输入的组分信息

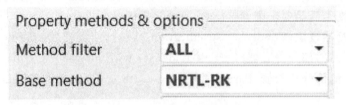

（b）选择的物性方法

图 7-2 Properties 环境下输入参数

（2）点击 ，进入 Simulation 页面，选用 Columns|DSTWU|ICON1 模块建立流程图（见图 7-3）。

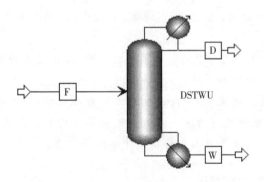

图 7-3 甲醇-水精馏塔简捷设计流程图

（3）点击 ，输入精馏塔进料条件：汽相分数为 0（饱和液体进料），压力为 1.3 bar（1 bar＝10^5 Pa），流量为 100 t/h，原料质量分数为甲醇 30％、水 70％（见图 7-4）。

（4）点击 ，输入塔条件：回流比为－1.3（负数表示实际回流比是最小回流比的倍数，如果输入的是正数，则表示实际回流比）、冷凝器压力为 1.0 bar、再沸器压

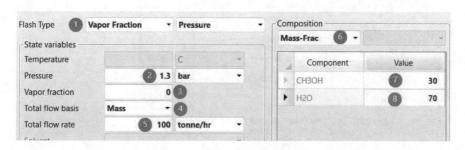

图 7-4　输入模块 DSTWU 进料条件

力为 1.3 bar、甲醇回收率为 0.9884、水回收率为 0.0021(见图 7-5)。

提示:甲醇和水的回收率计算公式如下:

物料平衡:$F=D+W=100$

甲醇组分平衡:$F\times30\%=D\times0.995+W\times0.005$

塔顶流率 $D=29.80$ t/h,塔底流率 $W=70.20$ t/h,则塔顶甲醇回收率$=$ $(29.80\times0.995)/(100\times0.3)=98.84\%$,塔顶水回收率$=(29.80\times0.005)/(100\times0.7)=0.21\%$。

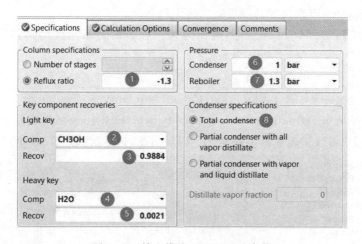

图 7-5　输入模块 DSTWU 的参数

(5)点击 ,出现 Required Input Complete 对话框,点击 OK,运行模拟。

(6)进入 Blocks|DSTWU|Results|Summary 页面,可看到本例计算出的最小回流比为 1.56673,实际回流比为 2.03675,最小理论板数为 8.12451(包括全凝器和再沸器),实际理论板数为 15.5841(包括全凝器和再沸器),进料位置为第 12.1152 块板,馏出比为 0.193611(见图 7-6)。

Minimum reflux ratio	1.56673	
Actual reflux ratio	2.03675	
Minimum number of stages	8.12451	
Number of actual stages	15.5841	
Feed stage	12.1152	
Number of actual stages above feed	11.1152	
Reboiler heating required	28942.3	kW
Condenser cooling required	27938.6	kW
Distillate temperature	64.335	C
Bottom temperature	106.642	C
Distillate to feed fraction	0.193611	

图 7 - 6   模块 DSTWU 的主要结果

7.1.2   确定最佳回流比

知道回流比与理论板数的曲线关系,可以帮助工程师确定最佳回流比。在 DSTWU 模块中,有现成的选项可以实现上述功能。

【例 7.2】   对例 7.1,绘制回流比与理论板数的关系曲线,并确定最佳的回流比。

解:

(1)回到 Blocks|DSTWU|Input|Calculation Options 页面(见图 7 - 7)。选中 Generate table of reflux ratio vs number of theoretical stages(生成回流比对理论板数表),用户可以指定理论板数变化范围等信息,这里默认计算 11 个点。

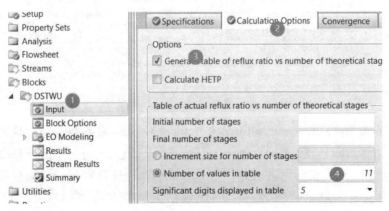

图 7 - 7   理论板数与回流比关系计算选型

（2）初始化并重新运行后，点击 Blocks｜DSTWU｜Results 页面，即得到回流比对理论板数的结果（见图 7 - 8）。

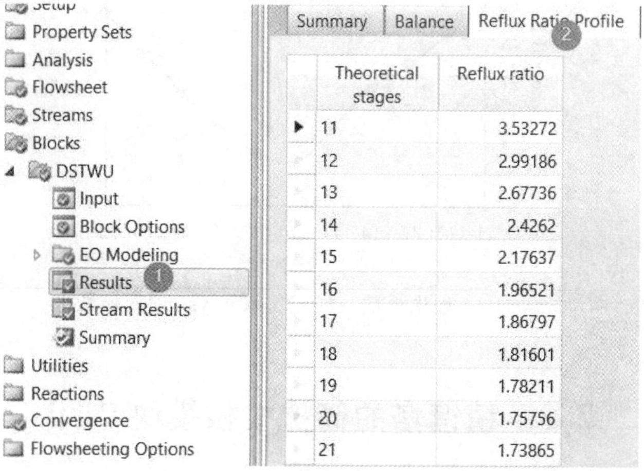

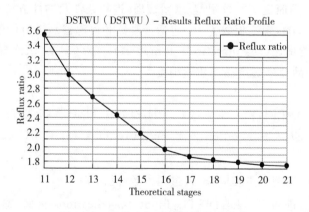

图 7 - 8　回流比对理论板数的结果

（3）利用右上角 Plot/Custom（或 Parametric）🗠 🗠 工具，以回流比为 Y 轴，以理论板数为 X 轴，即可得到回流比与理论板数的关系曲线（见图 7 - 9）。

图 7 - 9　回流比与理论板数关系曲线

（4）合理的回流比或理论板数应在曲线斜率绝对值较小的区域内选择。通过作理论板数与回流比乘积 vs. 理论板数（N×RR vs. N）关系曲线，可较为明显地找出最低点，其对应的数值即为合理的理论板数。将理论板数与回流比数据粘贴至 Excel 中，另起一列完成理论板数与回流比乘积的计算（N×RR），并在 Excel 中生成该乘积与理论板数的关系曲线（见图 7 - 10），理论板数取 16 最为合适。因此，对应的最佳回流比为 1.97。

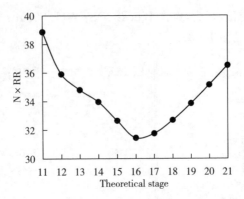

图 7-10 理论板数与回流比乘积 vs. 理论板数

7.2 精馏塔的简捷校核模块 Distl

精馏塔简捷校核模块 Distl 可对带有一股进料和两股出料的简单精馏塔进行简捷校核计算,该模块假定恒定的摩尔流和恒定的相对挥发度,采用 Edmister 方法计算精馏塔的产品组成。现通过例 7.3 介绍精馏塔简捷校核模块 Distl 的应用。

【例 7.3】 用简捷法校核甲醇-水精馏塔,进料条件及物性方法与例 7.1 相同。实际回流比为 2.04,理论板数为 16(包括全凝器和再沸器),进料位置为 13,塔顶产品与进料摩尔流量比(Distillate to feed mole ratio)为 0.19。求冷凝器及再沸器的热负荷、塔顶产品及塔底产品的质量纯度。

解:

(1)与例 7.1 相同,输入组分(CH_3OH 和 H_2O)及选择物性方法 NRTL-RK。

(2)点击 ![Next]图标,进入 Simulation 界面,选用 Columns|Distl|ICON1 模块建立流程图(见图 7-11)。

(3)点击 ![Next]图标,与例 7.1 相同,输入进料参数(见图 7-4)。

(4)点击 ![Next]图标,进入 Blocks|DISTL|Input|Specifications 页面,输入模块 DISTL 参数(见图 7-12)。

(5)点击 ![Next]图标,出现 Required Input Complete 对话框,点击 OK,运行模拟。

(6)进入 Blocks|DISTL|Results|Summary 页面,可看到本例计算出的冷凝器和再沸器的热负荷分别为 27.3676 MW 和 28.3427 MW(见图 7-13)。

(7)进入 Results Summary|Streams|Material 页面,可看到物流的信息。其中塔顶产品物流 D 中 CH_3OH 的质量分数为 99.9815%,塔底产品物流 W 中 H_2O 的质量分数为 99.0741%(见图 7-14)。

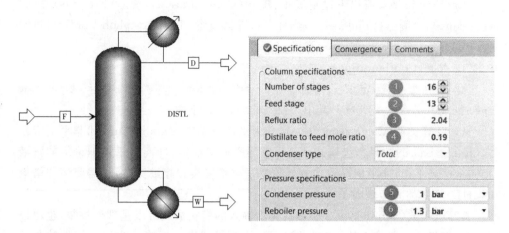

图 7-11　简捷校核模拟流程图　　　　　图 7-12　输入模块 DISTL 参数

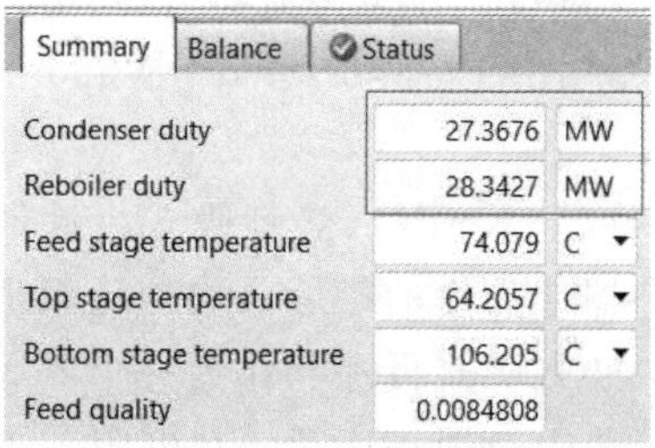

图 7-13　模块 DISTL 的模拟结果　　　　图 7-14　模块 DISTL 物流结果

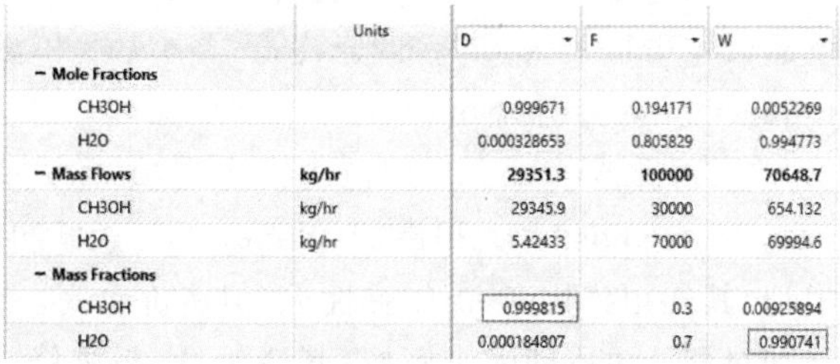

7.3　精馏塔的严格计算模块 RadFrac

　　RadFrac 是模拟各种多级汽液分馏操作的严格模型。除了普通精馏外，RadFrac 还可对下述过程进行严格模拟计算：吸收、再沸吸收、汽提、再沸汽提、共沸精馏、萃取精馏、反应精馏等。RadFrac 适用于两相体系、三相体系、窄沸程体系、宽沸程体系、液相呈强烈非理想性的体系等。RadFrac 具有以下特点：①可检测和处理塔内任何位置的自由水或其他第二液相，用户可以从冷凝器中倾析自由水，可以处理每块板上的固体；②可以模拟有化学反应的塔，其中反应可以是固定转化率、反应平衡、速率控制或者是电解的；③可模拟有两个液相，并且两个液相中存在不同化学反应的塔，也可以模拟盐沉淀；④可进行核算、设计计算、进行基于速率的精馏计算。

RadFrac 模型具有以下设定表单:配置(Configuration),流股(Streams),压力(Pressure),冷凝器(Condenser),热虹吸再沸器设置(Thermosiphon Config),再沸器(Reboiler),三相(3 - Phase)等。

1. 配置(Configuration)

配置主要需要定义设置选项(Setup options)和操作规定(Operating specifications)两大类参数。其中,设置选项包括以下内容。

(1)计算类型(Calculation type):分为平衡级模式(Equilibrium)和非平衡级模式(Rate - Based)。平衡级模式的计算基于平衡级假定,即离开每块理论级的汽液相完全达到平衡,非平衡级模式的计算基于热量交换和能量交换,不需要诸如塔效率、HETP 之类的经验因子。

(2)塔板数(Number of stages):要求输入的塔板数既可以是理论板数,也可以是实际塔板数。若输入的是实际塔板数,需要设置塔的效率。此处的塔板数包括冷凝器和再沸器。

① 冷凝器(Condenser):包含四个选项,全凝器(Total)、部分冷凝器-汽相塔顶产品(Partial - Vapor)、部分冷凝器-汽相和液相塔顶产品(Partial - Vapor - Liquid)、无冷凝器(None)。

② 再沸器(Reboiler):包含三个选项,釜式再沸器(Kettle)、热虹吸式再沸器(Thermosiphon)和无再沸器(None)。a. 釜式再沸器作为塔的最后一块理论板来模拟,其气相分数高,操作弹性大,但造价也高。b. 热虹吸式再沸器作为一个塔底带加热器的中段回流来模拟,其造价低,易维修,工业中应用较广泛。热虹吸式再沸器的模拟包括带挡板和不带挡板两类,模拟时均需通过勾选"指定再沸器流量"(Specify reboiler flow rate)、"指定再沸器出口条件"(Specify reboiler outlet condition)或者"指定再沸器流量和出口条件"(Specify both flow outlet condition),以设置下列参数之一:温度、温差、气相分数、流量、流量和温度、流量和温差、流量和气相分数,当勾选"Specify both flow outlet condition"时,必须在Configuration 界面给定再沸器热负荷,RadFrac 模块将其作为初值进行计算。

经验技巧

● 对于某些物系,不同的再沸器对模拟结果有一定影响,需谨慎选择。

● 选用 Kettle 还是 Thermosiphon 再沸器的一个重要原则是看塔底液相产品是否与返塔的汽相成相平衡。如果成相平衡,选用 Kettle,否则选用 Thermosiphon。

● 如果塔底产品是从再沸器出口流出的液体,选用 Kettle;如果塔底产品与进入再沸器的液体条件完全一致,那么选用 Thermosiphon。

● 选择带挡板和不带挡板的热虹吸式再沸器时,通常气相分数控制为5%～35%。若低于5%,因出口管线阻力降过大,将导致再沸器物料无法循环;若高于35%,应当采用釜式再沸器。

(3)有效相态(Valid phase):包括汽-液(Vapor - Liquid)、汽-液-液(Vapor - Liquid - Liquid)、汽-液-冷凝器游离水(Vapor - Liquid - Free Water Condenser)、汽-液-任意塔板游离水(Vapor - Liquid - Free Water Any Stage)、汽-液-冷凝器污水相(Vapor - Liquid - Dirty Water Condenser)以及汽-液-任意塔板污水相(Vapor - Liquid - Dirty Water Any Stage)六种。

(4)收敛方法(Convergence):标准方法(Standard)、石油/宽沸程物系(Petroleum/Wide - boiling)、强非理想液体(Strongly non - ideal liquid)、共沸物系(Azeotropic)、深冷体系(Cryogenic)以及用户自定义(Custom),模块 RadFrac 每种收敛方法对应的收敛算法和初始化方法见表7-2所列。

表 7-2　模块 RadFrac 每种收敛方法对应的收敛算法和初始化方法

收敛方法	适用范围	收敛算法	初始化方法
Standard	适用于大多数的两相和三相塔计算 可以在冷凝器或全塔中进行游离水计算	Standard	Standard
Petroleum/Wide - boiling	适用于包含较多组分或设计规定的宽沸程混合物的石油/石化过程 RadFrac 只能在冷凝器中进行游离水计算	Sum - Rates	Standard
Strongly non - ideal liquid	适用于高度非理想体系 使用 Standard 方法收敛缓慢或失败时,可以采用该方法	Nonideal	Standard
Azeotropic	适用于高度非理想共沸体系分离,如使用苯作为夹带剂的乙醇脱水过程	Newton	Azeotropic
Cryogenic	适用于低温过程,如空气分离	Standard	Cryogenic
Custom	在 Convergence|Basic 页面选择收敛算法和初始化方法	任选其一	任选其一

操作规定(Operating specifications):在进料、压力、塔板数、进料位置一定的情况下,精馏塔的操作规定有十个待选项,即回流比(Reflux ratio)、回流量(Reflux rate)、再沸量(Boilup rate)、再沸比(Boilup ratio)、冷凝器热负荷(Condenser duty)、再沸器热负荷(Reboiler duty)、塔顶产品流量(Distillate rate)、塔底产品流量(Bottoms rate)、塔顶产品与进料流量比(Distillate to feed ratio)、塔底产品与进

料流量比(Bottoms to feed ratio)。

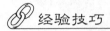 经验技巧

● 一般首先选择回流比和塔顶产品与进料流量比(Distillate to feed ratio)或塔顶产品流量(Distillate rate)。当获得收敛的模拟结果后,为了满足设计规定的要求,有时需要重新选择合适的操作规定,并赋予初值。

2. 流股(Streams)

需要规定进料、塔顶和塔底流股的进料位置和方式。其中,进料方式主要有在板上方进料(Above – Stage)、在板上进料(On – Stage)、汽相(Vapor)在级上进料以及液相(Liquid)在级上进料四种。

(1)在板上方进料(Above – Stage)是指在理论板间引入进料物流,液相部分流动到指定的理论板,气相部分流动到上一块理论板,若气相自塔底进入,可使用Above – Stage,将塔板数设为 $N+1$。

(2)在板上进料(On – Stage)是指汽液两相均流动到指定的理论板,若规定为On – Stage,则只有存在水力学计算和默弗里效率计算时,才进行进料闪蒸计算。因此,如果没有水力学计算和默弗里效率计算,单相进料时选择 On – Stage,可减少闪蒸计算,同时避免超临界体系的闪蒸问题。

(3)汽相(Vapor)在级上进料以及液相(Liquid)在级上进料,即 Vapor on stage 和 Liquid on stage,不对进料进行闪蒸计算,将其视为规定的相态,仅在最后一次收敛计算时对进料进行闪蒸计算,以确认规定的相态是否正确,这避免了再进行默弗里效率计算和塔板/填料设计或校核计算时不必要的进料闪蒸计算。

3. 压力(Pressure)

压力的设置有三种方式[缺省情况下为塔顶/塔底(Top/Bottom)]:

(1)塔顶/塔底(Top/Bottom):用户可以仅指定第一块板压力;当塔内存在压降时,用户需指定第二块板压力或冷凝器压降,同时还可以指定单板压降或是全塔压降。

(2)塔内压力分布(Pressure profile):指定某些塔板压力。

(3)塔段压降(Section pressure drop):指定每一塔段的压降。

7.3.1 RadFrac 操作模拟

【例 7.4】 在例 7.1 的基础之上,采用 DSTWU 得到的初始结果,用 RadFrac 核算甲醇-水精馏塔能否达到例 7.1 的设计要求(塔顶甲醇含量不低于 99.5%)。

解:

(1)打开例 7.1 甲醇-水简捷精馏文件,并将文件另存为其他文件(如例 7.4 bkp),

以避免破坏原始文件。

（2）由于原有模型为简捷法模块，需替换为严格法模块。用鼠标选中原模块，再用键盘 Delete 键删除（也可用鼠标右键弹出菜单中的 Cut 删除），但保留其中的物流线 F、D、W；然后选择 Column/RadFrac 模块加入流程中，再通过鼠标右键，选择 Reconnect Destination（重连去向）或 Reconnect Source（重连来源）分别将物流 F、D、W 重新连接到目标模块上（见图 7 - 15）。

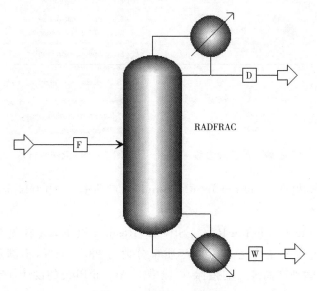

图 7 - 15　RadFrac 流程图

（3）点击 ，由于前面例 7.1 已完成组分、物性、进料条件的输入，将直接跳转到模块 RADFRAC 配置参数界面，即进入 Blocks | RADFRAC | Specifications | Setup | Configuration 页面，按照例 7.1 模拟结果输入配置参数（见图 7 - 16）。

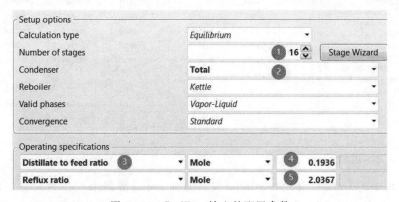

图 7 - 16　RadFrac 输入的配置参数

(4)点击 ,跳转到 Blocks | RADFRAC | Specifications | Setup | Streams 页面，输入进料位置及进料方式(见图 7 - 17)。

(5)点击 ,跳转到 Blocks | RADFRAC | Specifications | Setup | Pressure 页面，输入相关压力(见图 7 - 18)。

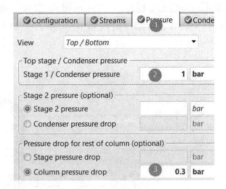

图 7 - 17　RadFrac 输入的流股参数　　　图 7 - 18　RadFrac 输入的压力参数

(6)点击 ,出现 Required Input Complete 对话框,点击 OK,运行模拟,流程收敛,保存文件。

(7)进入 Blocks | RADFRAC | Stream Results 页面,查看物流结果(见图 7 - 19),本例塔顶产品物流 D 中甲醇质量分数为 98.7904%,不满足产品纯度要求。由于没有达到产品纯度的指标,可以借助 Aspen Plus 的设计规定功能。

图 7 - 19　RadFrac 模拟计算结果

7.3.2　设计规定

系统中的 Design Specifications(设计规定)可以帮助用户找到合适的输入参数值,使分离要求、回收率等达到规定指标。每个设计规定都必须有相应的调节变量(就是需要调整的参数)与之对应,用户必须确保所指定的调节变量能影响对应的设计规定指标,比如回流比能直接影响产品质量(含量),而馏出比能影响产品收率。否则,系统可能不收敛。

设计规定可以有多个,但调节变量应该与设计规定数目相等。当然,在有多个设计规定的情况下,调节变量并不需要有一定的次序,用户只要确保所选定的调节变量能影响相应的设计规定就可以了。

需要注意的是,调节变量必须是本精馏塔的输入变量,不能是其他变量(如进料物流参数、塔条件中没有指定过的参数等),否则系统会出错。

【例 7.5】　根据例 7.4 的条件,通过调整回流比和馏出比,以达到产品纯度的要求(塔顶甲醇质量分数不低于 99.5%)。

解:

(1)点开 Design Specifications(设计规定)[见图 7-20(a)]。

(2)点击 New,新建一个设计规定,定义塔顶甲醇质量纯度为 0.995[见图 7-20(b)]。

(3)点击 $\overset{\text{N}}{\text{Next}}$,从甲醇和水中选择甲醇(因为要求的是甲醇质量分数不低于 0.995),点击 ⊃ 出现如图 7-20(c)所示页面。

(4)点击 $\overset{\text{N}}{\text{Next}}$,从物流 D 和 W 中选择 D(塔顶),点击 ⊃ 出现如图 7-20(d)所示页面。

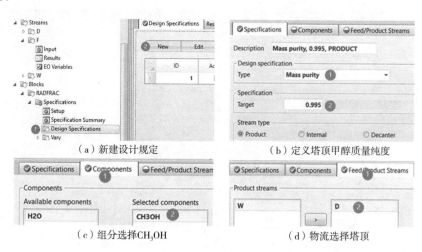

(a)新建设计规定　　　　　　(b)定义塔顶甲醇质量纯度

(c)组分选择 CH_3OH　　　　　(d)物流选择塔顶

图 7-20　新建设计规定

(5)点击 $\overset{\text{N}}{\text{Next}}$,进入调节变量 Vary,新建一个调节变量[见图 7-21(a)]。

(6)在弹出界面[见图 7-21(b)],选择回流比(Reflux ratio),设置下限(Lower bound)为 1、上限(Upper bound)为 5。

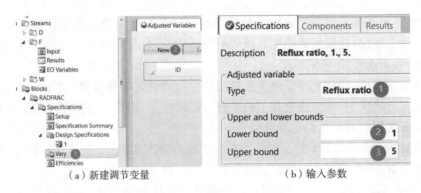

（a）新建调节变量　　　　　　　（b）输入参数

图 7 - 21　新建一个调节变量

（7）点击 ⏭️，出现 Required Input Complete 对话框，点击 OK，运行模拟，流程收敛，保存文件。

（8）进入 Blocks|RADFRAC|Specifications|Vary|Results 页面，可看到本例最终调节变量回流比的计算值为 2.60135［见图 7 - 22（a）］。进入 Blocks|RADFRAC|Specifications|Design Specifications|Results 页面，可看到最终目标误差为 8.35612×10^{-9}［见图 7 - 22（b）］。进入 Blocks|RADFRAC|Stream Results 页面，查看物流结果［见图 7 - 22（c）］，塔顶产品物流 D 中甲醇质量分数为 99.5%，满足产品纯度要求。

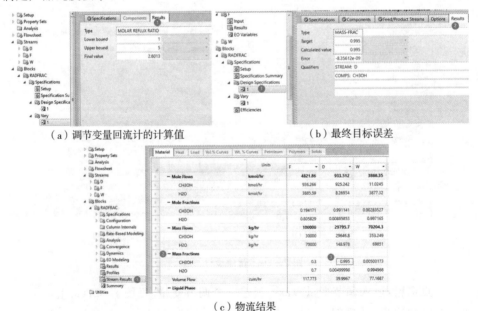

（a）调节变量回流计的计算值　　　　　　　（b）最终目标误差

（c）物流结果

图 7 - 22　通过设计规定得到的模拟结果

经验技巧

添加精馏塔的设计规定时,需考虑以下几点:

● 与规定热负荷相比,优先考虑规定流量,尤其是对于宽沸程物系。

● 规定塔顶产品或塔底产品与进料的流量比[Distillate(or Bottoms) to feed ratio]是一种很有效的方法,特别是在进料流量不明确的情况下。与规定产品流量相比,这两个参数的值和边界条件更容易估算。

● 当两个规定等价时,优先考虑数值较小者。如果没有侧线采出,塔顶采出与塔底采出等价,应优先规定数值较小者。一般情况下,规定下面参数中数值较小者回流量(Reflux rate)或再沸量(Boilup rate),回流比(Reflux ratio)或再沸比(Boilup ratio),塔顶产品流量(Distillate rate)或塔底产品流量(Bottoms rate),塔顶或塔底产品与进料的流量比[Distillate (or Bottoms) to feed ratio]。

7.3.3　最佳进料位置

同样理论板数的精馏塔,在不同进料位置,只要通过调节相应的回流比,一般说都能满足分离要求。但进料位置不同,在满足相同分离要求的前提下,所需要的回流比或热负荷、能耗等是不一样的。用户当然希望精馏塔在满足规定的分离要求的前提下,回流比或热负荷等越小越好,这就需要确定最佳的进料位置,而依据也就是最佳进料位置对应的回流比或热负荷等最小。确定的办法就是进行灵敏度分析,找出在满足相同分离要求的前提下,不同进料位置所需要的回流比或热负荷数据,以帮用户决策。

一般而言,分离要求通过上节模块中的设计规定 Design Specifications 是固定不变的,在达到相同分离要求的前提下,进料位置不同,所需要回流比不同。为此,需进行灵敏度分析,考察不同进料位置对所需回流比的影响规律,调节变量为进料位置,采集变量为根据分离要求计算出来的实际回流比。

【例 7.6】　在例 7.5(完成设计规定)的基础之上,确定该精馏塔最佳进料位置。

解:

(1)点击进入 Model Analysis Tools|Sensitivity 页面,点击 New,建立灵敏度分析项目 F-IN(见图 7-23)。

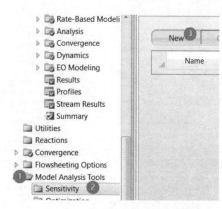

图 7-23　新建一个灵敏度分析

（2）点击 New，在 Variable 栏定义操纵变量为 1，Type 为 Block-Var，Block 为 RADFRAC，Variable 为 FEED-STAGE，ID1 为 F，从 7～14 块变化，Increment 为 1（块板），定义操纵变量过程如图 7-24 所示。

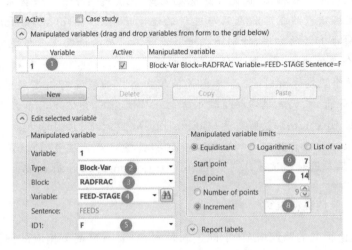

图 7-24　定义操纵变量过程

（3）点击 $\underset{\text{Next}}{N^{\triangleright}}$，定义目标变量，在 Define 栏输入采集变量 RR 代表回流比，选择类型为模块变量，属于 RADFRAC 模块中的回流比（计算出来的回流比）[见图 7-25（a）]。

（4）点击 $\underset{\text{Next}}{N^{\triangleright}}$，定义结果表，设置表格第一列显示 RR[见图 7-25（b）]。

（5）点击运行，在 Model Analysis Tools|Sensitivity|F-IN|Results 下面可以查看当进料位置发生变化，在满足产品纯度（塔顶甲醇质量分数不低于 99.5%）下所需要的回流比[见图 7-25（c）]。

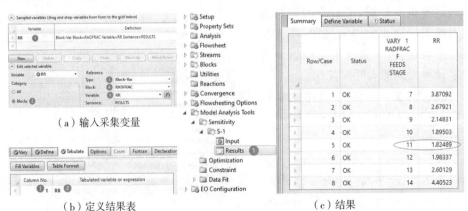

（a）输入采集变量

（b）定义结果表　　　　　　　　　　（c）结果

图 7-25　通过灵敏度分析工具确定最佳进料位置

(6)绘制进料位置与回流比的关系图。点击 Model Analysis Tools|Sensitivity|F－IN|Results,选中 Results,右上角功能区 Plot 出现如图 7－26(a)所示页面,点击 Custom 或 Results Curve 或 Parametric,并选择进料位置为 X 轴,回流比作为 Y 轴[见图 7－26(b)]。点击 OK,得到了进料位置与回流比的关系图[见图 7－26(c)]。由此可见,最佳的进料位置为第 11 块塔板进料,此时回流比最小,为 1.82。

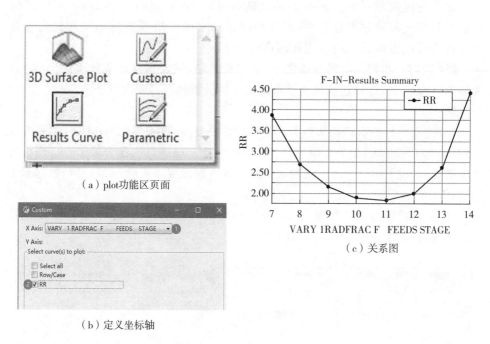

（a）plot功能区页面

（b）定义坐标轴

（c）关系图

图 7－26　绘制进料位置与回流比的关系图

除图 7－26(a)之外,功能区选项卡 Plot 中给出了多种 Aspen Plus 可生成的图形类型,分别为温度(Temperature)、组成(Composition)、流量(Flow Rate)、压力(Pressure)、K 值(K－Values)、相对挥发度(Relative Volatility)、分离因子(Sep Factor)、流量比(Flow Ratio)、T－H 总组合曲线[CGCC(T－H)]、S－H 总组合曲线[CGCC(S－H)]、水力学分析(Hydraulics)、有效能损失曲线(Exergy)(后四种图用于精馏塔的热力学分析)。应注意的是,只有勾选了 Blocks|RADFRAC|Analysis|Analysis Option 中的 Include column targeting thermal analysis 与 Include column targeting hydraulic analysis 选项,才有最后的四种图形类型。用户可以单击这些图标,查看自动生成的曲线图。

7.3.4 塔效率设定

Aspen Plus 中塔效率有三种：一种是全塔效率（Overall section efficiency）。其是指完成一定分离任务所需的理论板数和实际板数之比。另一种是汽化效率（Vaporization efficiencies）。其是指汽相经过一层实际塔板后的组成与设想该板为理论板的组成的比值。还有一种是默弗里效率（Murphree efficiencies）。严格地说其是指气相默弗里板效率，即气相经过一层实际塔板前后的组成变化与设想该板为理论板前后的组成变化的比值。

【例 7.7】 在例 7.5 的基础之上，采用板式塔，假定实际塔板效率为 70%，再沸器效率为 85%，计算达到分离要求的实际塔板数和所需要的回流比。

解：

（1）前面计算的塔理论板数为 16 块，扣除冷凝器、再沸器后为 14 块，实际板数应取 14/0.7＝20 块，加上冷凝器、再沸器共 22 块。原进料位置为第 13 块，按相同比例增加，变成 12/0.7＋1＝18 块板进料。现重新设置塔板数为 22，其他数据不变〔见图 7-27(a)〕。

（2）重新设置进料位置为第 18 块，馏出液采出位置（第 1 块）和釜液采出位置（第 22 块）自动给定〔见图 7-27(b)〕。

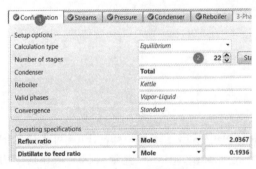
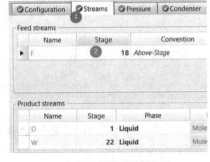

（a）重新设置塔板数　　　　　　　　　（b）重新设置进料位置

图 7-27　根据塔效率重新设置塔板数和进料位置

（3）点击 Efficiencies|Options 页面，并选中 Murphree efficiencies（见图 7-28）。

（4）点击初始化并重新运行，在 Blocks|RADFRAC|Specifications|Specifications Summary 页面可以看到，分离要求的回流比为 2.61833，与原来例 7.5 回流比 2.60135 相近（见图 7-29）。

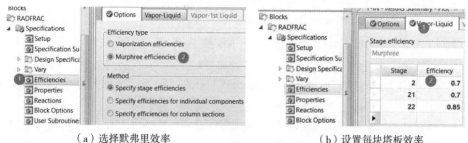

（a）选择默弗里效率　　　　　　　　　　　　（b）设置每块塔板效率

图 7-28　定义每块塔板的默弗里效率

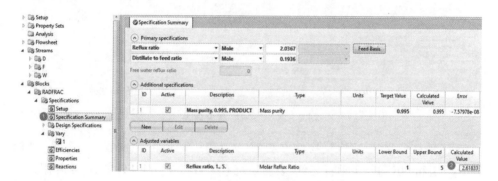

图 7-29　根据实际塔板效率计算得到的回流比

7.4　吸收过程模拟

吸收过程仍用 RADFRAC 模块计算，其中 Block | RADFRAC 模块 Specification | Setup | Configuration 页面上设无再沸器（Condenser＝None）（无再沸器 Reboiler ＝ None）。另外，吸收体系一般要用到 Henry 组分物性，需要 Components | Henry Comps 页面选择 Henry 组分，并在 Henry 组分相关的模块（如 RadFrac 模块）| Block Options | Properties，或在 Properties | Specifications | Global（全局物性）页面指定 Henry 组分 ID。

【例 7.8】　用 1500 kmol/h 水吸收 100 kmol/h 含 N_2（摩尔分数 59％，下同）、O_2（5％）、CO_2（15％）和 CH_3OH（21％）的尾气，无再沸器、冷凝器，塔工作压力为 1.1 bar，35 块板，全塔压降为 0.1 bar。温度为 5 ℃、压力为 1.1 bar 的水从塔顶第一块板进入（On Stage 1）；温度为 20 ℃、压力为 1.5 bar 的尾气从第 35 块板进入（On Stage 35）。物性方法为 NRTL，其中 N_2 和 CO_2 为 Henry 组分。计算塔顶净

化气的组成。

解：

(1)进入 Aspen Plus | Properity 页面，输入各组分（N_2、O_2、CO_2、H_2O 和 CH_3OH）。

(2)指定 Henry 组分，在 Components | Henry Comps 页面上点击 New 添加 Henry 组分表[见图 7-30(a)]。

(3)默认 ID 为 HC-1，点击 OK，指定 N_2、O_2 和 CO_2 为 Henry 组分[见图 7-30(b)]。

（a）添加Henry组分表　　　　　　　　　（b）指定Henry组分

图 7-30　添加亨利组分表

(4)点击 N，选用 NRTL 物性方法，并选上 HC-1 组分（见图 7-31）。此时 Henry-1 和 NRTL-1 项目变红，表明系统有 Henry 和 NRTL 参数，需要用户确认，本例采用缺省值。

(5)点击 N，跳转到 Simulation 页面，选用 COLUMN 模块采用 RadFrac | ABSBR1 建立流程图（见图 7-32）。左侧进料的箭头位置可以用鼠标左键选中箭头之后上下拖动。

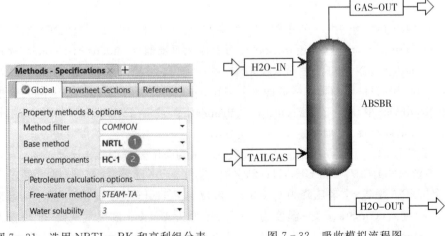

图 7-31　选用 NRTL-RK 和亨利组分表　　　　图 7-32　吸收模拟流程图

（6）点击 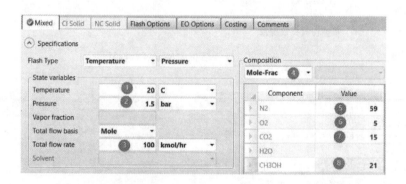，跳转到进料参数的界面。输入水的进料条件（见图 7 - 33）。

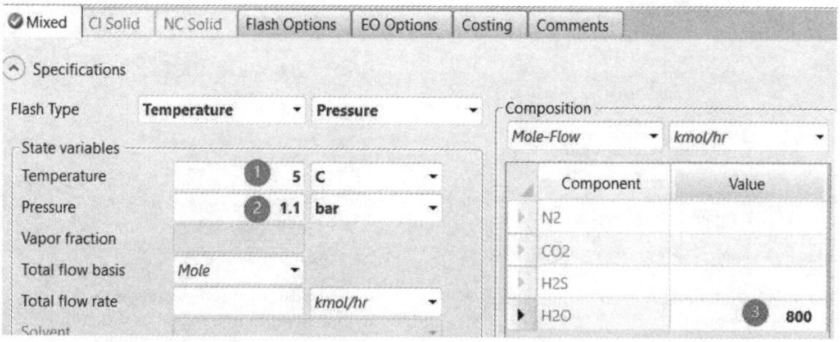

图 7 - 33 输入水的条件

（7）点击 ，跳转输入尾气的进料条件（见图 7 - 34）。

图 7 - 34 输入尾气的条件

（8）点击 ，跳转到对吸收塔进行定义，包括设置塔板为 35 块、无冷凝器和无再沸器[见图 7 - 35(a)]，水和尾气分别从第 1 块和第 35 块板上进料[见图 7 - 35 (b)]，第一块板的压力和全塔压降[见图 7 - 35(c)]。

（9）收敛（Convergence）：对于该例，可将 Blocks | ABSBR | Convergence | Convergence | Basic 页面中的 Maximum iterations 设置为 200[见图 7 - 36(a)]。

（10）在 Blocks | ABSBR | Specification | Setup | Configuration 页面选择 Convergence 为 Standard，并将 Blocks ABSBR | Convergence | Convergence | Advanced 页面中左列第一个选项 Absorber 的 No 改为 Yes[见图 7 - 36(b)]。

（11）点击 ，出现 Required Input Complete 对话框，点击 OK，运行模拟，流程收敛。进入 Blocks | ABSBR | Stream results | Material 页面，可看到本例塔顶气相中 N_2 为 74.43%、O_2 为 6.30%、CO_2 为 18.47%、CH_3OH 为 Trace.

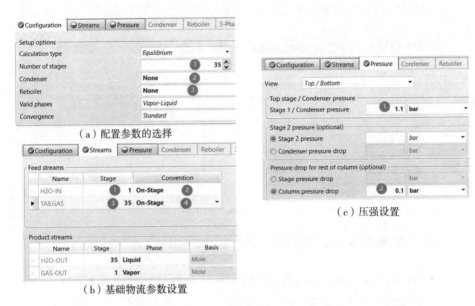

（a）配置参数的选择

（b）基础物流参数设置

（c）压强设置

图 7-35　对吸收塔相关参数进行设置

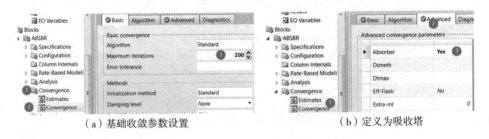

（a）基础收敛参数设置　　　　　　（b）定义为吸收塔

图 7-36　对吸收塔相关参数进行设置

经验技巧

● 对吸收/汽提这类宽沸程体系，各组分之间沸点差很大，为了收敛可以：在 RADFRAC 模块 Setup | Configuration 下设置 Convergence = Custom，在 Convergence Basic 下设置 Algorithm = Sum－Rates（并且 Absorber = No）；在 RADFRAC 模块的 Setup | Configuration 下设置 Convergence = Standard，在 Convergence|Advanced 页面上设置 Absorber=Yes。

● 一般说来，上述两种方法效果差不多，但也不完全一样。如果仍不收敛，但塔的 err/tol 是一直减少的，可以在 Convergence Basic 页面上增加最大迭代次数，或者提供一些塔板的温度估值、组成估值（对高度非理想系统是有用的）。

7.5　反应精馏

反应精馏(Reactive Distillation,简称 RD)可以在一个装置中同时实现反应及分离两个过程,也就是在进行反应的同时用精馏方法分离出产物的过程。在化工生产中,反应和分离两种操作通常分别在两类单独的设备中进行。若能将两者结合起来,在一个设备中同时进行,将反应生成的产物或中间产物及时分离,则可以提高产品的收率,同时又可利用反应热供产品分离,达到节能的目的。

反应精馏的好处在于:①破坏可逆反应平衡,增加反应的选择性和转化率,使反应速率提高,有利于生产能力提高;②精馏过程可以利用反应热,达到节能目的;③反应器和精馏塔合成一个设备,节省设备成本;④对某些难分离的物系,可以获得较纯的产品。

在 Aspen Plus 中,尽管大多数反应精馏的模拟都是针对单独的精馏塔,但由于反应过程的存在,会明显增加计算过程的收敛难度。为了保证模拟过程能较好地收敛,往往需要对精馏塔赋初值。

【例 7.9】　在某一精馏塔内进行如下反应:

$$CH_3COOH^{(A)} + CH_3CH_2OH^{(B)} \Longleftrightarrow CH_3COOC_2H_5^{(C)} + H_2O^{(D)}$$

正反应的反应动力学方程为

$$r_{正} = 1.9 \times 10^8 e^{\frac{-5.95 \times 10^7}{RT}} C_A C_B$$

逆反应的反应动力学方程为

$$r_{逆} = 5.0 \times 10^7 e^{\frac{-5.95 \times 10^7}{RT}} C_C C_D$$

其中,浓度的单位采用 $kmol/m^3$;反应速率单位采用 $kmol/(m^3 \cdot s)$;活化能单位采用 $J/kmol$。

假设进料温度为 30 ℃,压力为 0.1 MPa,乙酸流量为 100 kmol/h,乙醇流量为 100 kmol/h。全塔操作压强为 0.1 MPa,塔内理论板数为 30,进料位置为第七块理论板(on-stage),塔顶采用全凝器,回流比为 0.7,塔顶产品(TOP-OUT)流量为 60 kmol/h,反应在全塔内进行(不包括冷凝器),塔内每块板上的液相持液量为 0.3 kmol,再沸器液相持液量为 0.1 kmol。求再沸器及冷凝器的热负荷。

解:

(1)启动 Aspen Plus 软件,新建模拟文件,输入组分信息和选择物性方法(见图 7-37)。本例中反应物为有气相缔合的二元共聚物,所以选择物性方法为 NRTL-HOC(见图 7-38)。

(2)点击 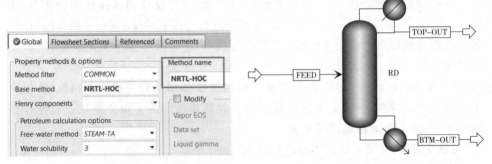 ，直到选择进入模拟环境，在 Model Palette 区域中，选择 RadFrac
模块，连接进出口物流，搭建反应精馏流程图(见图 7 - 39)。

Component ID	Type	Component name	Alias
ACETI-01	Conventional	ACETIC-ACID	C2H4O2-1
ETHAN-01	Conventional	ETHANOL	C2H6O-2
ETHYL-01	Conventional	ETHYL-ACETATE	C4H8O2-3
WATER	Conventional	WATER	H2O

图 7 - 37　组分信息输入

图 7 - 38　反应精馏塔物性方法　　　图 7 - 39　反应精馏塔模拟流程图

(3)输入进口物料信息。将题目所给条件(进料温度为 30 ℃、压力为 0.1 MPa、
乙酸和乙醇流量均为 100 kmol/hr)输入反应精馏塔进料流股信息中(见图 7 - 40)。

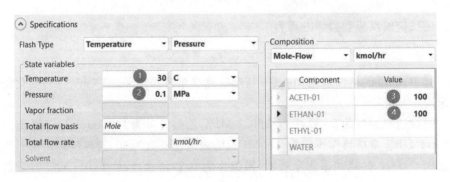

图 7 - 40　反应精馏塔进口物料信息输入

(4)反应体系设置。在 Reactions 页面，点击 New 新建反应，默认反应名称为
R - 1，选择反应类型为 REAC - DIST(见图 7 - 41)。

(5)设置反应参数。在 Edit Reaction 页面，设置正逆反应的化学反应计量
数指数，Reactants 部分输入反应物信息，Products 部分输入产物信息，Coefficient

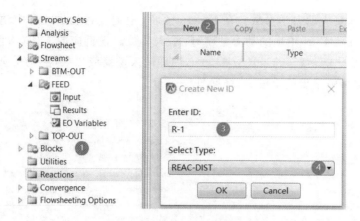

图 7-41 新建反应类型选择

为化学反应计量数，Exponent 为指数，反应类型（Reaction type）选择 Kinetic（见图 7-42）。

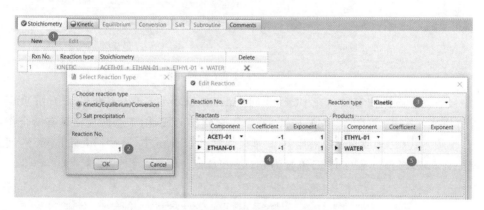

（a）定义正反应参数

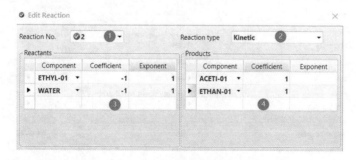

（b）定义逆反应参数

图 7-42 定义正逆反应参数设置

(6)输入反应动力学参数。在 Kinetic 页面,根据题目给出的反应动力学方程式,对照 Aspen Plus 给出的动力学模型,输入参数。正反应的 k 值(指前因子)为 1.9×10^8,活化能为 (5.95×10^7)J/kmol,同理输入逆反应参数,注意反应活化能的单位须与题目中给出的单位一致(见图 7-43)。

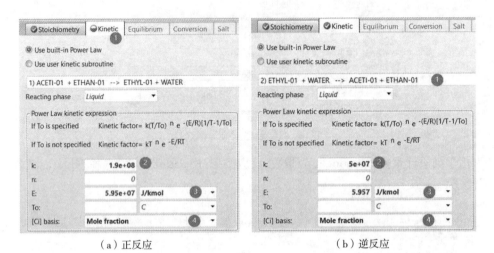

| (a)正反应 | (b)逆反应 |

图 7-43 反应动力学参数输入

(7)设置塔操作参数。在 Blocks|T1|Specifications|Setup|Configuration 页面设置塔操作方式(见图 7-44)。冷凝器采用全凝器形式,由于乙酸气相具有缔合作用,收敛方式(convergence)采用强非理想性溶液(Strongly non-ideal liquid),回流比为 0.7,塔顶产品(DIST)流量为 60 kmol/hr。

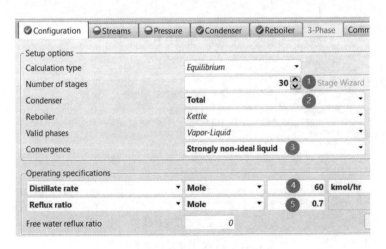

图 7-44 反应精馏塔操作参数设置

(8)输入进料板信息,在 Streams 页面按题目所给条件设置进料板为第 7 块板,出料板为 1 和 30(见图 7 - 45)。

(9)设置塔板压强,在 Pressure 页面输入塔板压力为 0.1 MPa,塔板压降不需输入,如图 7 - 46 所示。

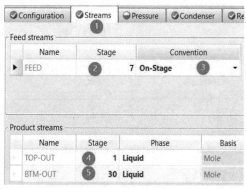

图 7 - 45　进料板设置

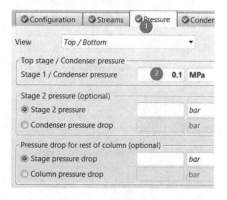

图 7 - 46　塔板压强设置

(10)输入题目已知其他塔参数。题目中说明反应在全塔内进行,不包括冷凝器。由于冷凝器采用全凝器,所以冷凝器算为塔的第 1 块板。在 Blocks|RD|Specifications|Reactions|Specifications 页面设置反应在第 2 块板到第 30 块板上进行(见图 7 - 47)。在 Holdups 页面,输入塔顶液相持液量和塔底液相持液量(见图 7 - 48)。

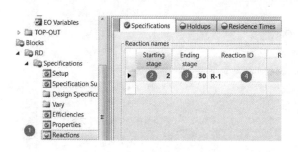

图 7 - 47　反应位置参数设置

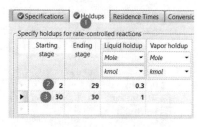

图 7 - 48　持液量设置

(11)运行模拟,查看结果。流股计算结果如图 7 - 49 所示,反应精馏塔参数计算结果如图 7 - 50 所示。从图可知,冷凝器的热负荷为 -1112.22 kW,再沸器热负荷为 1581.25 kW。

为对比乙酸的缔合作用对 Aspen Plus 模拟物性方法选择和计算结果的影响,改变物性方法进行计算。直接在 Methods 页面将物性方法改为 NRTL - RK(见图 7 - 51)。

| Material | Heat | Load | Work | Vol.% Curves | Wt. % Curves | Petroleum | Polymers | Solids |

	Units	BTM-OUT ▼	FEED ▼	TOP-OUT ▼
− Mole Flows	kmol/hr	**140**	**200**	**60**
ACETI-01	kmol/hr	99.9735	100	0.0131772
ETHAN-01	kmol/hr	40.0068	100	59.9799
ETHYL-01	kmol/hr	0.00640563	0	0.00691114
WATER	kmol/hr	0.0132948	0	2.20137e-05
− Mole Fractions				
ACETI-01		0.714096	0.5	0.00021962
ETHAN-01		0.285763	0.5	0.999665
ETHYL-01		4.57545e-05	0	0.000115186
WATER		9.49625e-05	0	3.66895e-07
+ Mass Flows	kg/hr	7847.54	10612.2	2764.62

图 7-49   流股计算结果

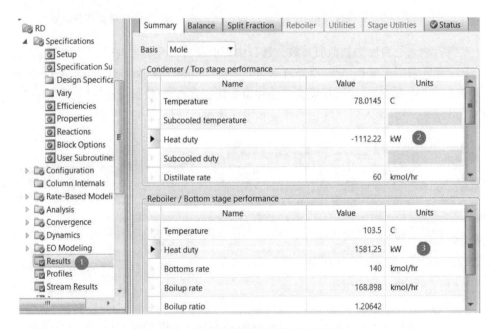

图 7-50   反应精馏塔参数计算结果

  运行模拟,查看结果。改变物性方法所得流股计算结果如图 7-52 所示,与图 7-49 对比可以发现,改变物性方法后,乙醇、乙酸乙酯和水的计算结果变化不大,而乙酸变化幅度较其他三种物质要大。可见,乙酸的缔合作用在实际生产中是不可忽视的。对比改变物性方法前后塔参数计算结果(见图 7-50 和

图 7-53)可以发现,冷凝器的温度与热负荷结果受物性方法影响较小,而再沸器的温度和热负荷则受物性方法影响较大。这主要是由于两种物性方法气相逸度计算方法不同。

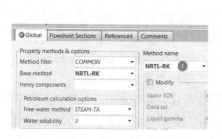

图 7-51　改变物性方法

	Units	BTM-OUT	FEED	TOP-OUT
− Mole Flows	kmol/hr	140	200	60
ACETI-01	kmol/hr	99.4574	100	0.529597
ETHAN-01	kmol/hr	40.524	100	59.463
ETHYL-01	kmol/hr	0.00585645	0	0.00713757
WATER	kmol/hr	0.0127026	0	0.000291391
− Mole Fractions				
ACETI-01		0.71041	0.5	0.00882662
ETHAN-01		0.289457	0.5	0.99105
ETHYL-01		4.18318e-05	0	0.000118959
WATER		9.07331e-05	0	4.85651e-06
+ Mass Flows	kg/hr	7840.32	10612.2	2771.84

图 7-52　改变物性方法所得流股计算结果

Condenser / Top stage performance

Name	Value	Units
Temperature	78.1557	C
Subcooled temperature		
Heat duty	-1108.38	kW ①
Subcooled duty		
Distillate rate	60	kmol/hr

Reboiler / Bottom stage performance

Name	Value	Units
Temperature	100.689	C
Heat duty	1485.85	kW ②
Bottoms rate	140	kmol/hr
Boilup rate	159.76	kmol/hr

图 7-53　改变物性方法所得塔参数计算结果

7.6　间歇精馏

间歇精馏广泛应用于专用化学品、制药等领域的物质分离过程。与连续精馏相比,间歇精馏是一种能有效地分离小批量物质、具有非常灵活的操作弹性的分离技术。设计一个间歇精馏过程时,需要同时考虑几个方面的问题,如产品质量、最大回收率、最大产量、最小环境影响、最小投资等。一旦设计了某一间歇精馏过程,

其原料、产品质量和其他需求都可以变化,甚至可以用来分离其他精馏过程。在这种情况下,需要决定怎样让装置适应新的需求。间歇精馏塔模块在 Aspen Plus 的 Simulation|Columns 页面下可以找到,通过该模块可以进行间歇精馏过程模拟。但实际使用中可以从 Aspen Batch Modeler 直接进入间歇精馏。Aspen Batch Modeler 是设计和优化间歇精馏塔的先进工具。其严格的模拟能力使用户能快速有效地实施最优设计和操作方案,从而有助于减少操作批次、提高产品回收率、保证产品纯度。

Aspen Batch Modeler 具有以下特点和功能:可以选择模拟一个釜或反应器以及一个带有塔顶冷凝器的精馏塔、釜或反应器;可以选择模拟从空塔、有初始负荷或全回流情况下开始操作;可以选择模拟有固定压强分布和各塔板持液量,或者根据塔板或填料状况预测压强分布与持液量的情况;可以模拟三相体系;可以定义操作步骤;可以定义控制器;可以模拟从空塔开始操作、带有反馈的操作,可以在任何时刻进料;可以选择固定加热速率,或者根据釜几何结构、液位、加热介质条件预测加热速率;可以选择模拟设备热熔和环境热损失的影响;支持根据间歇操作数据估算反应动力学参数;支持根据过程和边界的膜系数进行详细的传热计算;支持从商业化热媒中选择加入或冷却介质;具有执行多批次操作的能力,各批次之间可以带反馈物流;具有从投资商容器库或用户自建数据库导入容器几何信息的功能;Aspen Batch Modeler 采用 Aspen Plus 和其他 Aspen Tech 工具相同的物性数据,以保证准确性和结果的一致性。

间歇过程模拟的主要步骤包括:建立物性模型、输入结构数据和规定、输入操作步骤、运行模拟、查看模拟结果等。

【例 7.10】 通过回流比控制塔顶温度和产品纯度。用间歇精馏分离己烷、庚烷和辛烷,从塔顶获得己烷和庚烷馏分,物性方法 NRTL。塔顶设置温度控制器,通过调节回流比以保持塔顶温度和产品纯度恒定,通过模拟分别获得接收器 1、2 的己烷和庚烷馏分的摩尔数和含量。已知:塔板数为 10 块(含冷凝器、再沸器);加热釜直径为 1 m,高为 1 m;塔板直径为 0.5 m,溢流堰高为 0.05 m,板间距为 0.6 m;接收器为 3 个;体系为气液两相;冷凝器压强为 0.101325 MPa,无回流罐,釜用指定温度的介质加热,冷凝器为部分冷凝,出口温度为 20 ℃。

解:
本例操作步骤如下:

进料 Charge:等摩尔的己烷、庚烷和辛烷共加入 2.5 kmol,流量为 50 kmol/h,3 min 加完,温度控制器设定为手动。

加热 Heat:停止进料,用 140 ℃介质加热,直至塔底温度达到 70 ℃。

精馏 Distil:用接收器 1 收集己烷馏分,温度控制器设定为自动,控制塔顶温度为 73 ℃,蒸馏至温度升高到 84 ℃。

精馏 Distil：切换至接收器 2 收集庚烷馏分，控制塔顶温度为 100 ℃，直至温度升高到 105 ℃。

具体模拟步骤如下：

(1)点击程序|Aspen Tech|Process Model V8.4|Aspen Batch Modeler V8.4 直接进入间歇过程页面(见图 7-54)。

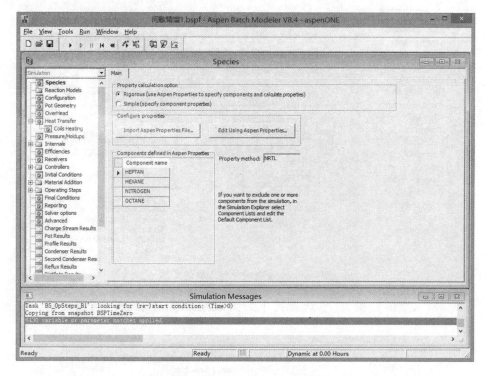

图 7-54　Aspen Batch Modeler 页面

(2)通过左上角菜单 File 将文件另存为间歇精馏 1。与 Aspen Plus 类似，需要按顺序将左侧的红色标签填成蓝色后，输入才算完毕，程序才能运行。

① 建立物性模型。点击窗口中部右侧 Edit Using Aspen Properties 按钮，进入 Aspen Properties 页面，并输入各组分，包括惰性气体 N_2(见图 7-55)。

Component ID	Type	Component name	Alias
HEXANE	*Conventional*	**N-HEXANE**	**C6H14-1**
HEPTAN	*Conventional*	**N-HEPTANE**	**C7H16-1**
OCTANE	*Conventional*	**N-OCTANE**	**C8H18-1**
NITROGEN	*Conventional*	**NITROGEN**	**N2**

图 7-55　建立物性模型

② 选择物性方法 NRTL、确认二元交互参数,保存文件到"间歇精馏 1. bspf" 所在的文件夹,名为 PropsPlus. aprbkp(默认)。退出 Aspen Properties 之后,回到 Batch Modeler 窗口,可以看到左侧 Species 标签已变蓝,窗口中部出现组分和选择 物性方法 NRTL(见图 7 - 56)。

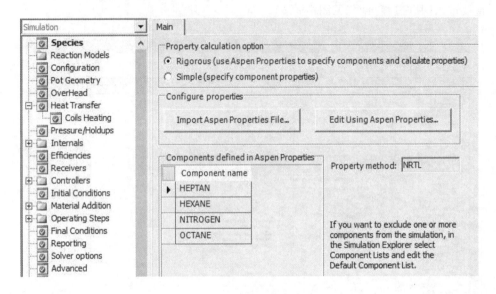

图 7 - 56　完成组分输入后的界面

③ 输入塔的数据,注意选择其中的 间歇精馏塔、10 块板、气液两相(见图 7 - 57)。

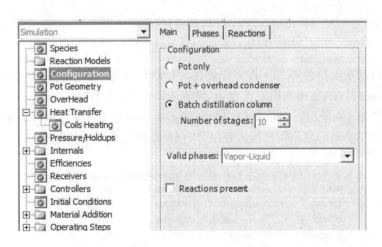

图 7 - 57　定义间歇精馏塔

④ 输入加热釜结构:直径为 1 m,高为 1 m,其余为默认(见图 7 - 58)。

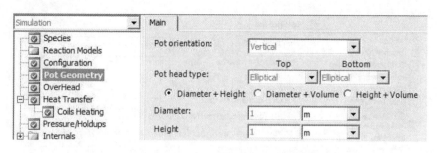

图 7 - 58　定义加热釜结构

⑤ 设置塔顶冷凝选项:部分冷凝,冷凝温度为 20 ℃(见图 7 - 59)。

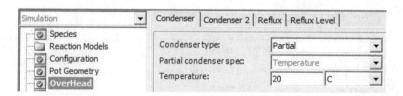

图 7 - 59　设置塔顶冷凝

⑥ 设置回流比初值为 1(见图 7 - 60)。

图 7 - 60　设置回流比

⑦ 设置加热方式:盘管加热,盘管高为 0.1 m,盘管面积为 2 m²(见图 7 - 61)。

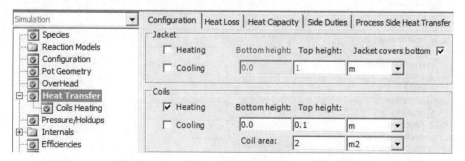

图 7 - 61　设置加热方式

⑧ 输入盘管加热介质的温度、总传热系数等(见图7-62)。

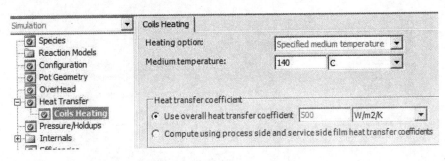

图7-62 输入盘管加热条件

⑨ 指定塔压降及持液量数据由系统计算、冷凝器压强、冷凝器进口管径等(见图7-63)。

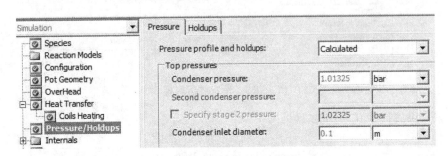

图7-63 指定塔压降等数据来源

⑩ 指定塔段参数:从第2～9块板,筛板,直径为0.5 m,间距为0.6 m等(见图7-64)。

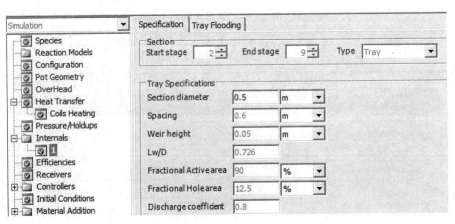

图7-64 指定塔段参数

⑪ 指定接收器为 3 个,其中接收液体 2 个,接收蒸汽 3 个(见图 7 - 65)。

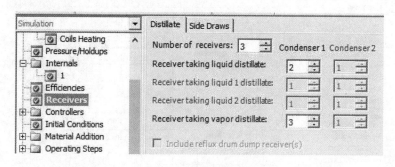

图 7 - 65　指定接收器

⑫ 在 Controllers 填入控制器 tc1(见图 7 - 66)。

图 7 - 66　填入控制器 tc1

设置 tc1 参数:Type 选择 Stage temperture,Set Point 为 100 ℃,Stage 选择 2,操纵变量为回流比(见图 7 - 67)。

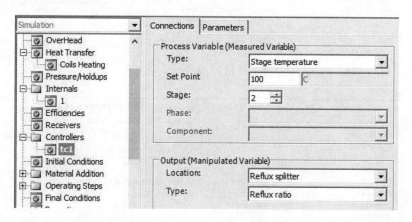

图 7 - 67　设置 tc1 参数

设置控制参数范围:采集变量为 0~150 ℃(第 2 块板温度),操纵变量为 1~10(回流比),线性(如温度升高时回流比线性增加)(见图 7 - 68)。

⑬ 指定开工条件:空塔、温度为 20 ℃、压力为 0.101325 MPa、N_2 保护(因此前面需要输入 N_2 组分)等(见图 7 - 69)。

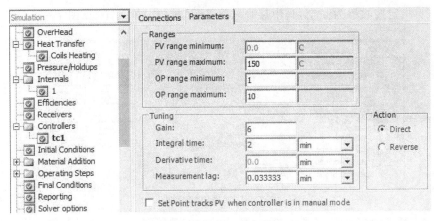

图 7 - 68 设置控制参数范围

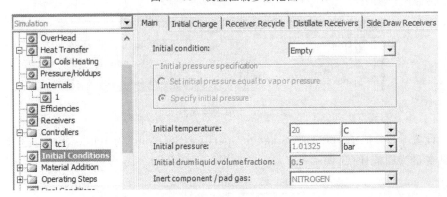

图 7 - 69 指定开工条件

开始时接收器 1、2、3 均为空(默认)(见图 7 - 70)。

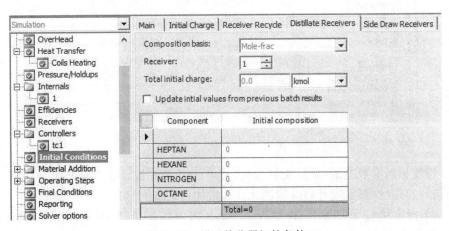

图 7 - 70 设置接收器初始条件

⑭ 填入物料 c1(见图 7 - 71)。

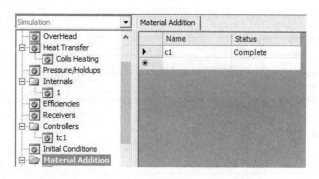

图 7 - 71　填入物料 c1

定义物料 c1:加入第 10 级(釜中),物料为液体、温度为 20 ℃、压力为 1.01325 bar、摩尔基准等,右侧为具体组成(见图 7 - 72)。

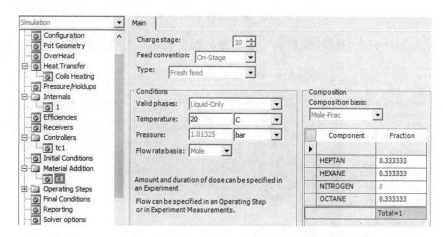

图 7 - 72　定义 c1 加料条件

⑮ 填入 4 个操作步骤:加料 Charge、加热 Heat、精馏 Distil、精馏 Distil2,并保证为激活状态(Active)(见图 7 - 73)。

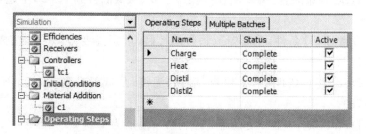

图 7 - 73　填入操作步骤

定义加料 Charge 条件：加料、c1 物料、流量为 50 kmol/hr、手动控制（见图 7-74），并在 End Condition 页面定义持续加料 0.05 h。

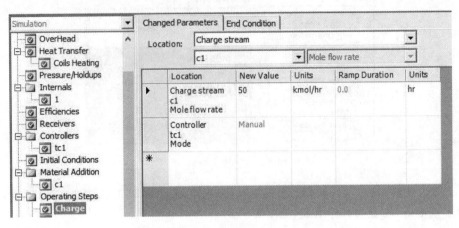

图 7-74　定义加料 Charge 条件

定义加热 Heat 条件：加料、c1、流量为 0、温度为 140 ℃盘管加热（见图 7-75）。

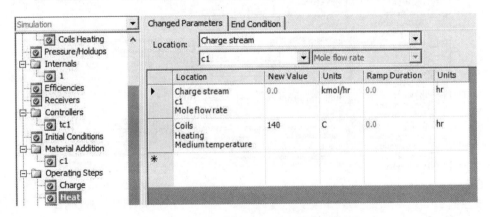

图 7-75　定义加热 Heat 条件

定义 Heat 结束条件：第 9 块板（塔底）温度、从低温升到 70 ℃，不超过 24 h（见图 7-76）。

定义精馏 Distil 条件：控制器 tc1、自动控制、塔顶温度为 73 ℃、馏入接收器 1（见图 7-77）。

定义 Distil 终止条件：第 2 块板（塔顶）温度、从低温升到 84 ℃，不超过 24 h（见图 7-78）。

定义 Distil2 条件：馏入接收器 2 控制塔顶温度为 100 ℃（见图 7-79）。

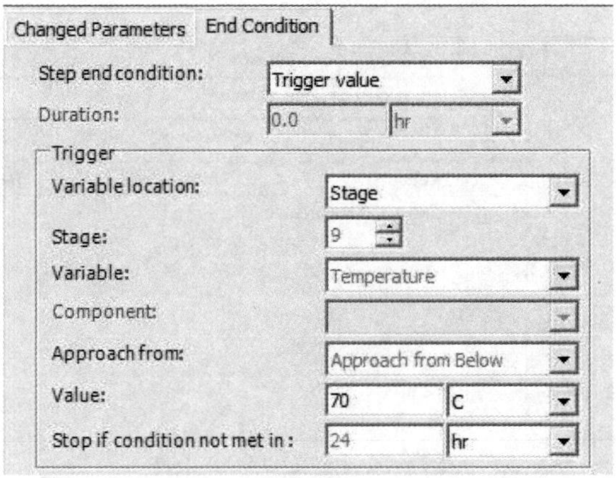

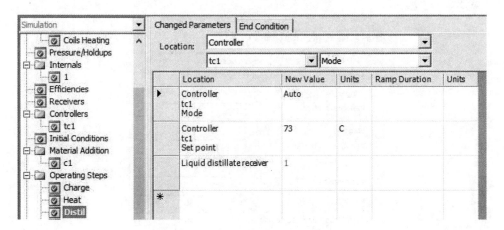

图 7-76 定义 Heat 结束条件

图 7-77 指定精馏 Distil 条件

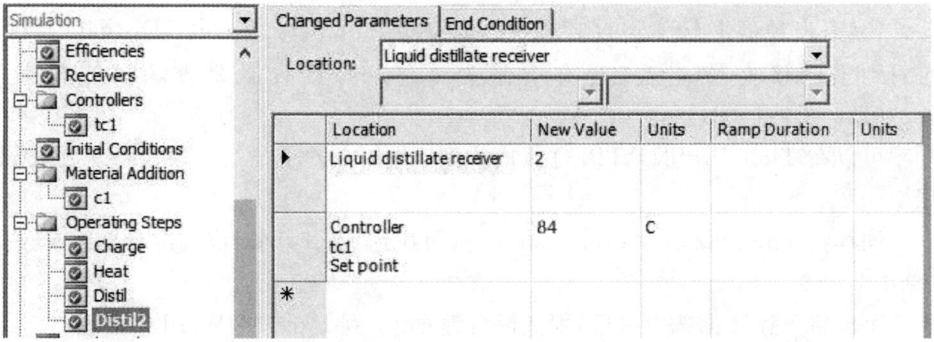

图 7-78 定义 Distil 终止条件

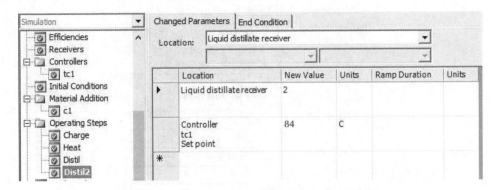

图 7－79 定义 Distil2 条件

定义 Distil2 终止条件：第 2 块板（塔顶）温度、从低温升到 105 ℃，不超过 24 h（见图 7－80）。

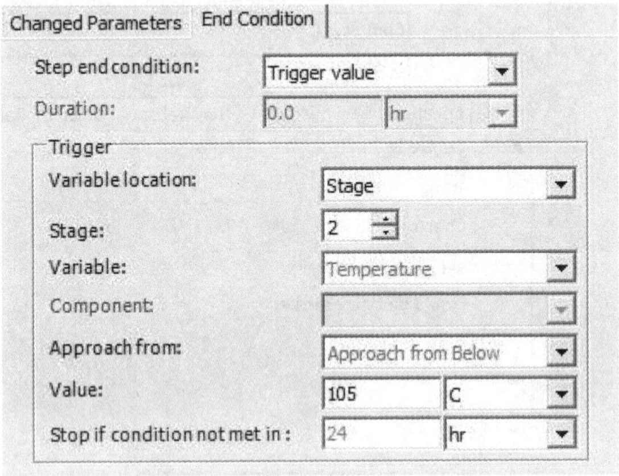

图 7－80 定义 Distil2 终止条件

（3）点击顶部 ▶ 按钮运行之后，在 Holdup Summary Results|Distilate 页面，可看到本例接收器 1 己烷摩尔含量为 0.90309，接收器 2 庚烷摩尔含量为 0.876123（见图7－81）。

可以在 Time Profiles|TPFQ 页面找到不同时刻对应的第 2 块板温度数据（见图 7－82）。

同样在 Time Profiles|Composition 页面找到不同时刻对应的冷凝器组成数据（见图 7－83）。

可以将上述数据选中之后，用鼠标右键 Copy 到 Excel 或 Word 中整理。

（4）在 Operation Step Results 页面，可看到各步骤持续时间（见图 7－84）。

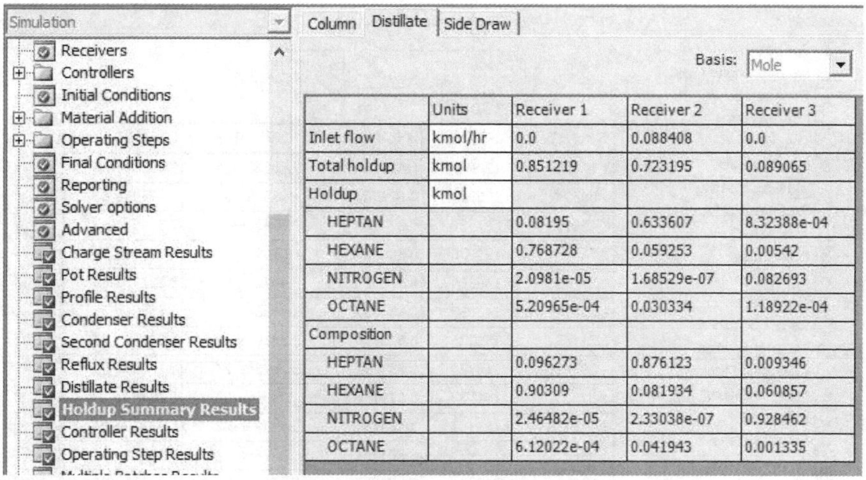

	Units	Receiver 1	Receiver 2	Receiver 3
Inlet flow	kmol/hr	0.0	0.088408	0.0
Total holdup	kmol	0.851219	0.723195	0.089065
Holdup	kmol			
HEPTAN		0.08195	0.633607	8.32388e-04
HEXANE		0.768728	0.059253	0.00542
NITROGEN		2.0981e-05	1.68529e-07	0.082693
OCTANE		5.20965e-04	0.030334	1.18922e-04
Composition				
HEPTAN		0.096273	0.876123	0.009346
HEXANE		0.90309	0.081934	0.060857
NITROGEN		2.46482e-05	2.33038e-07	0.928462
OCTANE		6.12022e-04	0.041943	0.001335

图 7－81　馏出液模拟结果

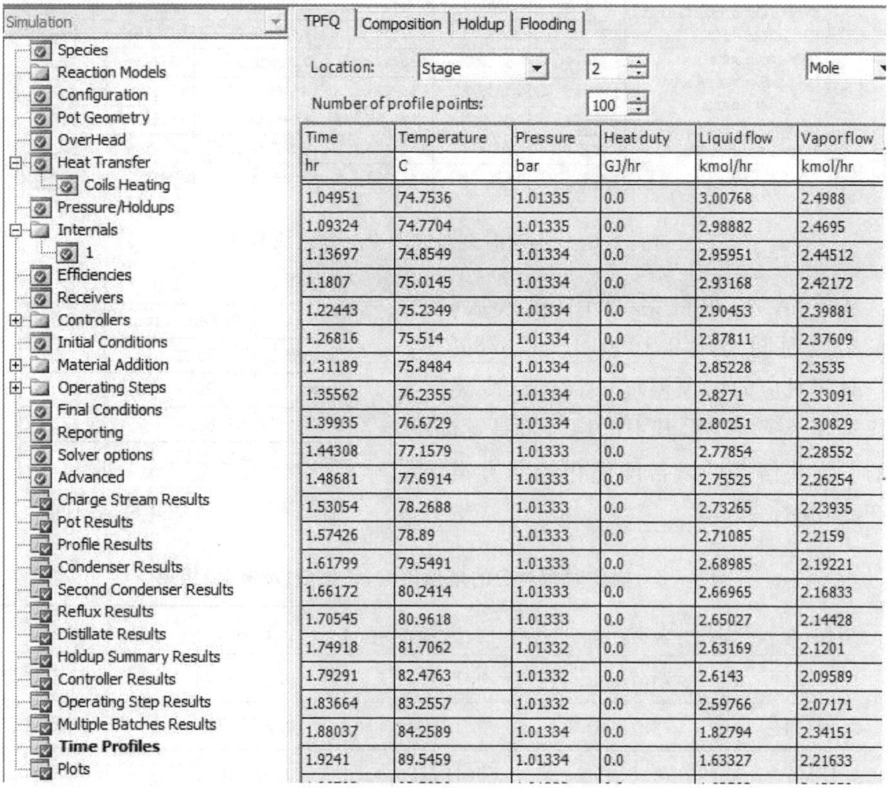

Time	Temperature	Pressure	Heat duty	Liquid flow	Vapor flow
hr	C	bar	GJ/hr	kmol/hr	kmol/hr
1.04951	74.7536	1.01335	0.0	3.00768	2.4988
1.09324	74.7704	1.01335	0.0	2.98882	2.4695
1.13697	74.8549	1.01334	0.0	2.95951	2.44512
1.1807	75.0145	1.01334	0.0	2.93168	2.42172
1.22443	75.2349	1.01334	0.0	2.90453	2.39881
1.26816	75.514	1.01334	0.0	2.87811	2.37609
1.31189	75.8484	1.01334	0.0	2.85228	2.3535
1.35562	76.2355	1.01334	0.0	2.8271	2.33091
1.39935	76.6729	1.01334	0.0	2.80251	2.30829
1.44308	77.1579	1.01333	0.0	2.77854	2.28552
1.48681	77.6914	1.01333	0.0	2.75525	2.26254
1.53054	78.2688	1.01333	0.0	2.73265	2.23935
1.57426	78.89	1.01333	0.0	2.71085	2.2159
1.61799	79.5491	1.01333	0.0	2.68985	2.19221
1.66172	80.2414	1.01333	0.0	2.66965	2.16833
1.70545	80.9618	1.01333	0.0	2.65027	2.14428
1.74918	81.7062	1.01332	0.0	2.63169	2.1201
1.79291	82.4763	1.01332	0.0	2.6143	2.09589
1.83664	83.2557	1.01332	0.0	2.59766	2.07171
1.88037	84.2589	1.01334	0.0	1.82794	2.34151
1.9241	89.5459	1.01334	0.0	1.63327	2.21633

图 7－82　不同时刻对应的第 2 块板(塔顶)温度数据

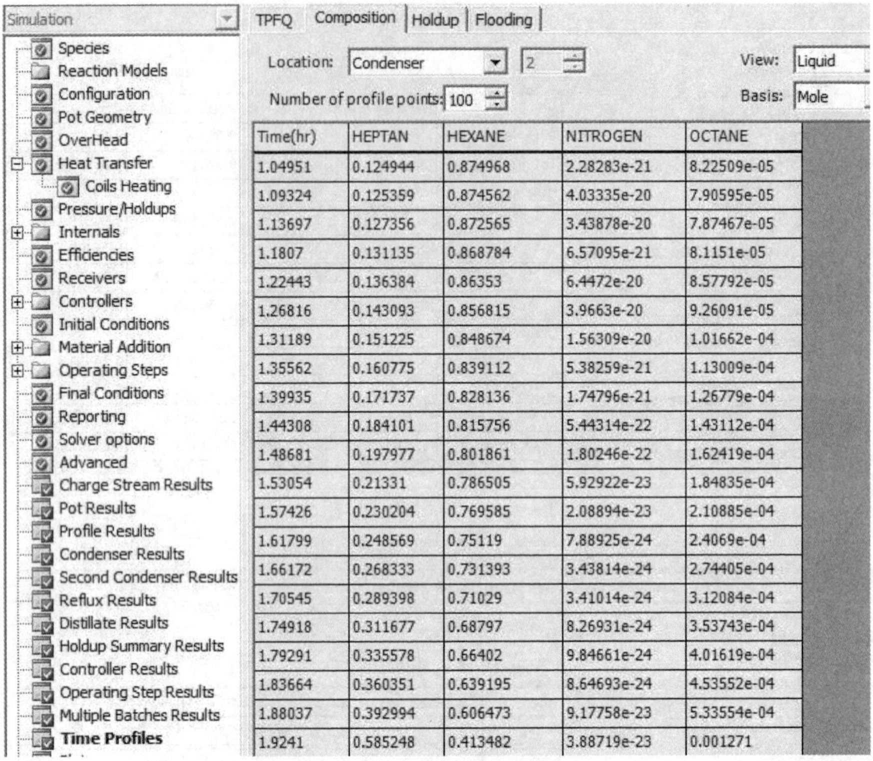

Time(hr)	HEPTAN	HEXANE	NITROGEN	OCTANE
1.04951	0.124944	0.874968	2.28283e-21	8.22509e-05
1.09324	0.125359	0.874562	4.03335e-20	7.90595e-05
1.13697	0.127356	0.872565	3.43878e-20	7.87467e-05
1.1807	0.131135	0.868784	6.57095e-21	8.1151e-05
1.22443	0.136384	0.86353	6.4472e-20	8.57792e-05
1.26816	0.143093	0.856815	3.9663e-20	9.26091e-05
1.31189	0.151225	0.848674	1.56309e-20	1.01662e-04
1.35562	0.160775	0.839112	5.38259e-21	1.13009e-04
1.39935	0.171737	0.828136	1.74796e-21	1.26779e-04
1.44308	0.184101	0.815756	5.44314e-22	1.43112e-04
1.48681	0.197977	0.801861	1.80246e-22	1.62419e-04
1.53054	0.21331	0.786505	5.92922e-23	1.84835e-04
1.57426	0.230204	0.769585	2.08894e-23	2.10885e-04
1.61799	0.248569	0.75119	7.88925e-24	2.4069e-04
1.66172	0.268333	0.731393	3.43814e-24	2.74405e-04
1.70545	0.289398	0.71029	3.41014e-24	3.12084e-04
1.74918	0.311677	0.68797	8.26931e-24	3.53743e-04
1.79291	0.335578	0.66402	9.84661e-24	4.01619e-04
1.83664	0.360351	0.639195	8.64693e-24	4.53552e-04
1.88037	0.392994	0.606473	9.17758e-23	5.33554e-04
1.9241	0.585248	0.413482	3.88719e-23	0.001271

图 7－83　不同时刻对应的冷凝器组成数据

从图 7－84 中得到 Distil（进入接收器 1）的持续时间是从 0.109019～1.87802 h，操作时间对应的塔顶温度、馏出液（冷凝器）组成见表 7－3 所列，其中己烷含量是逐渐下降的。这些信息可以帮助优化控制方案，提高产品收率。

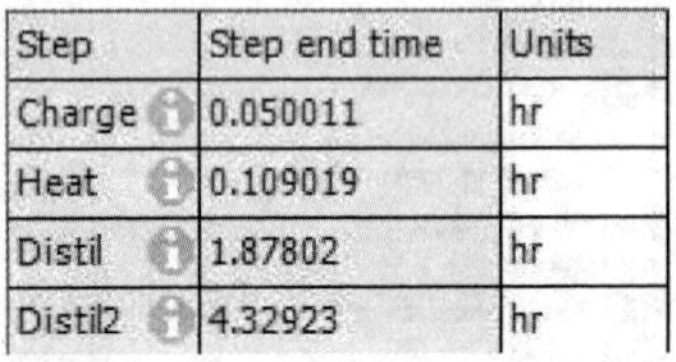

Step	Step end time	Units
Charge	0.050011	hr
Heat	0.109019	hr
Distil	1.87802	hr
Distil2	4.32923	hr

图 7－84　各步骤持续时间

表 7－3　操作时间对应的塔顶温度、馏出液（冷凝器）组成

时间/h	温度/℃	庚烷	己烷	辛烷
1.04951	74.7536	0.124944	0.874968	8.23E－05
1.09324	74.7704	0.125359	0.874562	7.91E－05
1.13697	74.8549	0.127356	0.872565	7.87E－05
1.18070	75.0145	0.131135	0.868784	8.12E－05

（续表）

时间/h	温度/℃	庚烷	己烷	辛烷
1.22443	75.2349	0.136384	0.863530	8.58E − 05
1.26816	75.5140	0.143093	0.856815	9.26E − 05
1.31189	75.8484	0.151225	0.848674	1.02E − 04
1.35562	76.2355	0.160775	0.839112	1.13E − 04
1.39935	76.6729	0.171737	0.828136	1.27E − 04
1.44308	77.1579	0.184101	0.815756	1.43E − 04
1.48681	77.6914	0.197977	0.801861	1.62E − 04
1.53054	78.2688	0.213310	0.786505	1.85E − 04
1.57426	78.8900	0.230204	0.769585	2.11E − 04
1.61799	79.5491	0.248569	0.751190	2.41E − 04
1.66172	80.2414	0.268333	0.731393	2.74E − 04
1.70545	80.9618	0.289398	0.710290	3.12E − 04
1.74918	81.7062	0.311677	0.687970	3.54E − 04
1.79291	82.4763	0.335578	0.664020	4.02E − 04
1.83664	83.2557	0.360351	0.639195	4.54E − 04
1.88037	84.2589	0.392994	0.606473	5.34E − 04

第8章 化学反应过程模拟

8.1 概 述

化学反应器是所有工业化学过程的核心,是将原料转换成高附加值产品的反应场所。模拟软件中包含三类反应器模型,分别是基于物料平衡的反应器,基于热力学平衡的反应器和动力学反应器。在 Aspen Plus 中,有两种基于物料平衡的模型:RYield(产率反应器)和 RStoic(化学计量反应器);有两种基于热力学平衡的模型:RGibbs(吉布斯反应器)和 REquil(平衡反应器);有三种基于反应动力学的模型:RCSTR(全混釜反应器)、RPlug(平推流反应器)和 RBatch(间歇反应器),反应器单元模块介绍见表 8-1 所列。注意:Aspen Plus 并不能进行反应器设计,仅能使用流量、操作条件、反应器体积和反应动力学数据来简单计算反应转化率。

表 8-1 反应器单元模块介绍

图标	名称	功能	适用对象
RStoic	化学计量反应器 (RStoic)	模拟已知反应程度或转化率的反应器模块	反应动力学数据未知或不重要,但每个反应的化学反应式计量系数和反应程度或转化率已知的反应器
RYield	产率反应器 (RYield)	模拟已知产率的反应器模块	化学反应式计量系数和反应动力学数据未知或不重要,但产率分布已知的反应器
REquil	平衡反应器 (REquil)	通过化学反应式计量系数计算化学平衡和相平衡	化学平衡和相平衡同时发生的反应器
RGibbs	吉布斯反应器 (RGibbs)	通过 Gibbs 自由能最小化计算化学平衡和相平衡	相平衡或者相平衡与化学平衡同时发生的反应器,对固体溶液和汽-液-固系统计算相平衡

（续表）

图标	名称	功能	适用对象
RCSTR	全混釜反应器（RCSTR）	模拟全混釜反应器	单相、两相和三相全混釜反应器,该反应器任一相态下的速率控制反应和平衡反应基于已知的化学计量系数和动力学方程
RPlug	平推流反应器（RPlug）	模拟平推流反应器	单相、两相和三相平推流反应器,该反应器任一相态下的速率控制反应基于已知的化学计量系数和动力学方程
RBatch	间歇反应器（RBatch）	模拟间歇或半间歇反应器	单相、两相和三相间歇或半间歇的反应器,该反应器任一相态下的速率控制反应基于已知的化学计量系数和动力学方程

8.2　基于物料平衡的反应器

8.2.1　化学计量反应器 RStoic

化学计量反应器(RStoic)模块用于模拟反应动力学数据未知或不重要,但每个反应的化学反应式计量系数和反应程度或转化率已知的反应器。RStoic 模块可以模拟平行反应和串联反应,还可以计算反应热和产物的选择性。用 RStoic 模块模拟计算时,需要规定反应器的操作条件,并选择反应器的闪蒸计算相态,还需要规定在反应器中发生的反应,对每个反应必须规定化学反应式计量系数,并分别指定每一个反应的反应程度或转化率。当反应生成固体或固体发生变化时,需规定出口物流组分属性和粒度分布,RStoic 模块主要参数设置见表 8-2 所列。

表 8-2　RStoic 模块主要参数设置

参数	作用
Setup|Specifications	制定反应器操作条件和闪蒸计算相态
Setup|Reactions	定义化学反应及计算方式(并联或串联)
Setup|Combustion	指定是否有燃烧反应发生

（续表）

参数	作用
Setup|Heat of Reaction	指定是否计算每个反应在参考组分及参考条件下的反应热,或者自己指定反应热
Setup|Selectivity	指定反应产品相对参考反应组分的选择性
Setup|PSD	指定固体组成粒子尺寸分布
Setup|ComponentAttr.	指定固体组分属性

下面通过例 8.1 介绍 RStoic 模块的应用。

【例 8.1】 用 RStoic 模块模拟乙醇和乙酸发生酯化反应,生成乙酸乙酯(Ethyl Acetate)和水(Water)。进料温度为 70 ℃,压力为 0.1013 MPa,乙醇(Ethanol)、乙酸(Acetic Acid)的流量分别为 186.59 kmol/h、192.6 kmol/h,反应器 RStoic 中乙醇的转化率为 70%,物性方法选用 NRTL - HOC。化学反应方程式如下:

$$C_2H_5OH + CH_3COOH \Longleftrightarrow CH_3COOC_2H_5 + H_2O$$

解:

(1)启动 Aspen Plus,选择模板 General with Metric Units,输入组分 ETHAN-01(乙醇)、ACETI-01(乙酸)、ETHYL-01(乙酸乙酯)、WATER(见图 8-1)。选择物性方法 NRTL - HOC。

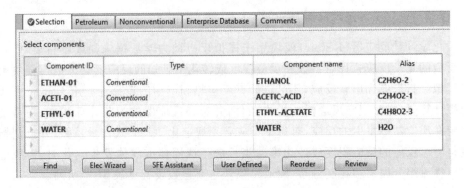

图 8-1 组分输入

(2)点击 N↓,查看方程的二元交互作用参数,本例采用系统默认值,不做修改。

(3)点击 N↓,选择 Go to Simulation environment,点击 OK 按钮,进入模拟环境。建立如图 8-2 所示的流程图。

(4)点击 N↓,输入进料 FEED 数据(见图 8-3)。

(5)点击 N↓,输入模块 RSTOIC 参数(见图 8-4)。

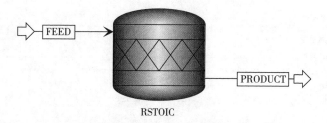

图 8-2　化学计量反应器(RSTOIC)流程图

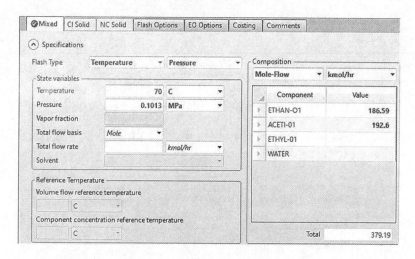

图 8-3　输入进料 FEED 数据

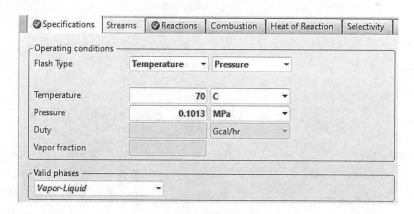

图 8-4　输入模块 RSTOIC 参数

(6)点击 ,定义化学反应(见图 8-5)。

(7)点击 ,出现 Required Input Complete 对话框,点击 OK,运行模拟,流程
收敛。

Edit Stoichiometry
Reaction No.
1
Reactants
Component
Coefficient
ETHAN-01
-1
ACETI-01
-1
Products
Component
Coefficient
ETHYL-01
1
WATER
1
Products generation
Molar extent
kmol/hr
Fractional conversion
0.7
of component
ETHAN-01

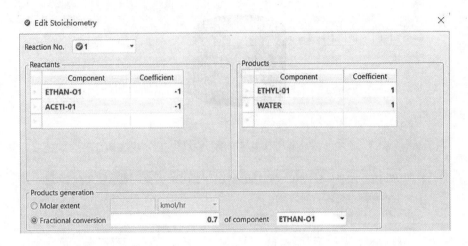

图 8-5　定义化学反应

(8)进入 Blocks|RSTOIC|Summary 页面，查看物流结果，本例中反应器热负荷为－3.64825 kW(见图 8-6)。

Summary
Balance
Phase Equilibrium
Reactions
Selectivity
Outlet temperature
70
C
Outlet pressure
1.013
bar
Heat duty
-3.64825
kW
Net heat duty
-3.64825
kW
Vapor fraction
0
1st liquid / Total liquid
1

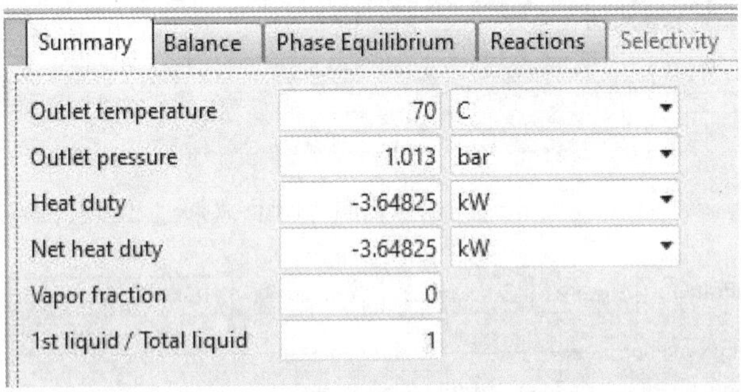

图 8-6　查看物流结果

(9)进入 Steams|Results|PRODUCT 页面，查看出口物流组成(见图 8-7)。

− Mole Flows	**kmol/hr**	**379.19**	**379.19**
ETHAN-01	kmol/hr	186.59	55.977
ACETI-01	kmol/hr	192.6	61.987
ETHYL-01	kmol/hr	0	130.613
WATER	kmol/hr	0	130.613

图 8-7　查看物流组成

8.2.2 产率反应器 RYield

产率反应器(RYield)是在知道反应物及反应器出口产物而不知道化学反应计量式时,根据产物分布来计算物料衡算和能量衡算。该模型只考虑总质量守恒而不考虑元素守恒,RYield 模块参数设置见表 8-3 所列。

表 8-3 RYield 模块参数设置

参数	作用
Setup|Yield	指定反应器产率(组分产率、组分映射、用户组程序和石油馏分表征)及惰性组分
Setup|Flash Options	闪蒸条件指定及设置收敛参数

下面通过例 8.2 介绍 RYield 模型的应用。

【例 8.2】 甲烷在氧气中的燃烧反应方程式为 $CH_4 + 2O_2 \longrightarrow CO_2 + 2H_2O$,原料为常温常压(25 ℃,1 atm)下的甲烷与氧气,其中甲烷流量为 0.029 kmol/h,氧气流量为 0.065 kmol/h,试用产率反应器(反应温度为 180 ℃,压力为 1 atm)模拟当甲烷完全燃烧时所放出的热量。物性方法选择 NRTL。

解：

(1)启动 Aspen Plus,选择模板 General with Metric Units,输入组分 CH_4、O_2、CO_2、H_2O(见图 8-8)。选择物性方法 NRTL。

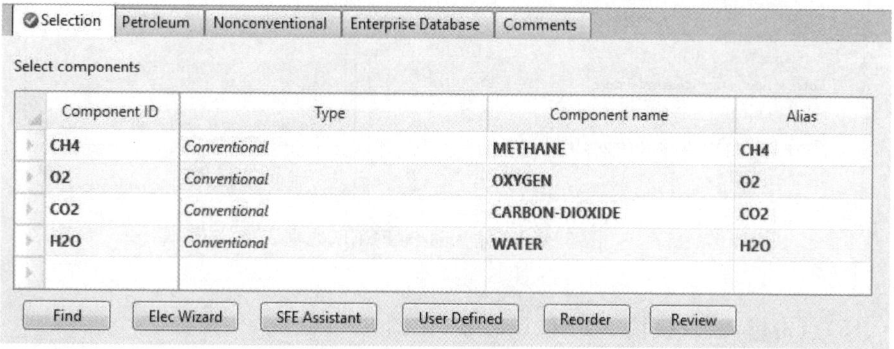

图 8-8 组分输入

(2)点击 ,查看方程的二元交互作用参数,本例采用系统默认值,不做修改。

(3)点击 ,选择 Go to Simulation environment,点击 OK 按钮,进入模拟环境。建立如图 8-9 所示的流程图。

(4)点击 ,输入进料 FEED 数据(见图 8-10)。

RYIELD

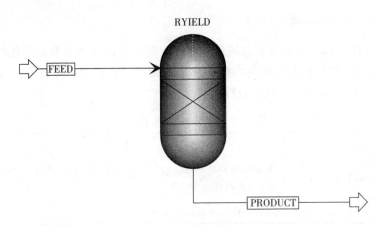

图 8-9　产率反应器(RYIELD)流程图

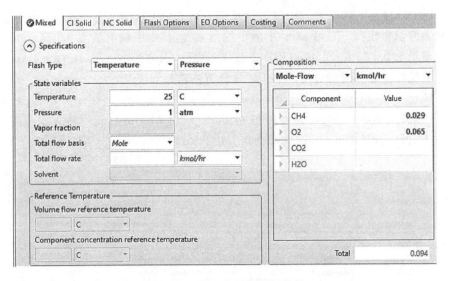

图 8-10　输入进料 FEED 数据

(5)点击 🔵,输入模块 RYIELD 参数(见图 8-11)。

(6)点击 🔵,进入 Yield 页面,设置组分产率参数。默认 Yield options(产率选项)为 Component yields(组分产率),输入产率分布(见图 8-12)。

(7)点击 🔵,出现 Required Input Complete 对话框,点击 OK,运行模拟,流程收敛。

(8)进入 Blocks|RSTOIC|Summary 页面,查看物流结果。本例中反应器热负荷为-6.32077 kW(见图 8-13)。

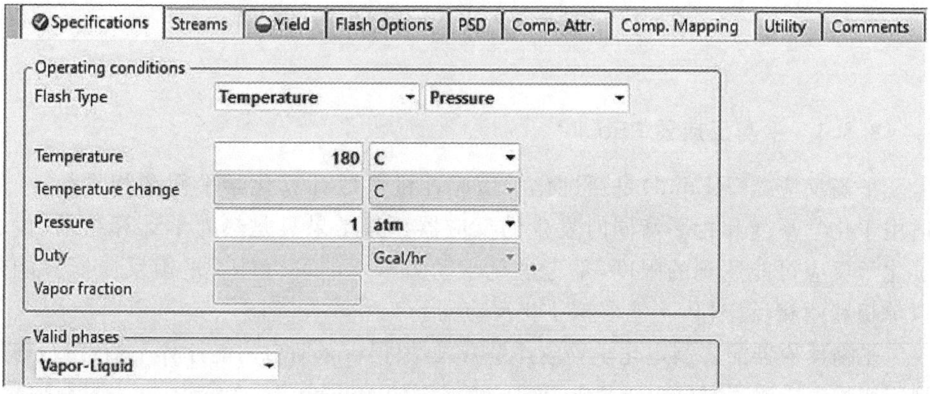

图 8－11 输入模块 RYIELD 参数

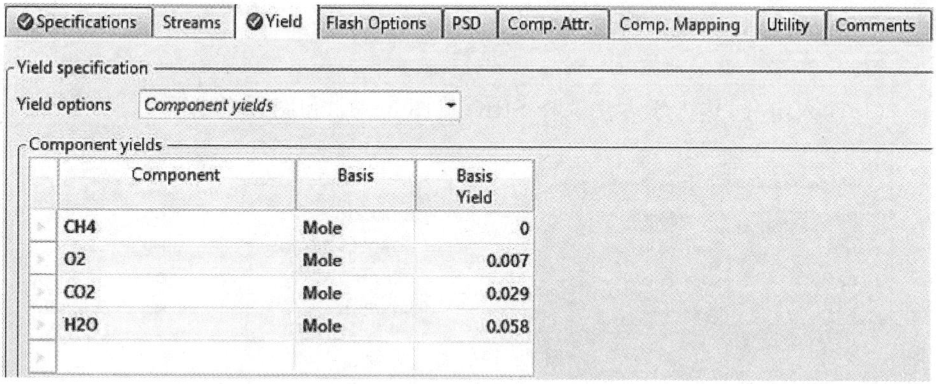

图 8－12 设置组分产率参数

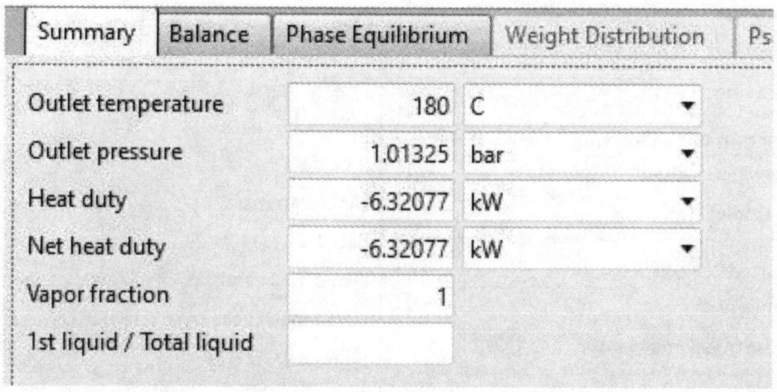

图 8－13 查看物流结果

8.3 基于化学平衡的反应器

8.3.1 平衡反应器 REquil

平衡反应器(REquil)是通过化学反应计量系数计算化学平衡和相平衡,一般适用于化学平衡和相平衡同时发生的反应器。其结果只是热力学计算结果,代表了化学反应可能达到的限度,不考虑化学动力学上的可行性。平衡反应器只能模拟单相和两相反应器,不能模拟三相反应器。

平衡反应器需要制定化学反应计量方式,根据吉布斯自由能计算平衡常数,通过规定产物生成比速率(Extend)或趋近平衡温度(Temperature Approach)来限制平衡。

【例 8.3】 在常压及 20 ℃下进行如下反应:$2NO + O_2 \longrightarrow 2NO_2$,进气组成(摩尔分数)为 $NO(10\%)$、$NO_2(1\%)$、$O_2(9\%)$ 以及 $N_2(80\%)$,进气流量为 $0.6 \ m^3/h$,试用平衡反应器计算反应器出口组成。

解:

(1)输入组分,热力学方法选择 SRK(见图 8-14 和图 8-15)。

	Component ID	Type	Component name	Alias
▶	NO	Conventional	NITRIC-OXIDE	NO
▶	NO2	Conventional	NITROGEN-DIOXIDE	NO2
▶	O2	Conventional	OXYGEN	O2
▶	N2	Conventional	NITROGEN	N2

图 8-14 输入组分

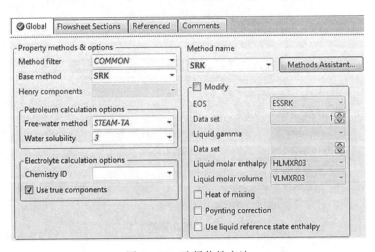

图 8-15 选择物性方法

（2）选择 Reactors/REquil 模块建立流程图（见图 8-16）。

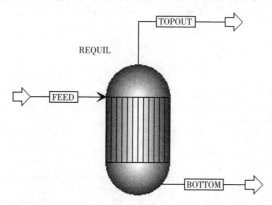

图 8-16　平衡反应器（REquil）流程图

（3）设置物流参数（见图 8-17）。

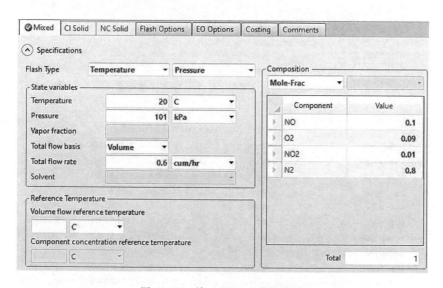

图 8-17　输入 REquil 模块参数

（4）设置 REquil 反应器参数（见图 8-18）。在 Specifications 界面中设置压力、温度（根据已知条件，在压力、温度、蒸汽分数和热负荷中指定两项）和有效相态。

（5）在 Reactions 界面中点击 New 新建化学计量方程式，在反应物（Reactants）中选择反应物组分和计量系数（反应计量系数为负），在产物（Products）中选择产物组分和计量系数（产物计量系数为正），指定近平衡温度（Temperature Approach）或者指定反应程度（Molar extent）（见图 8-19）。

（6）运行模拟，查看物流结果（见图 8-20）。

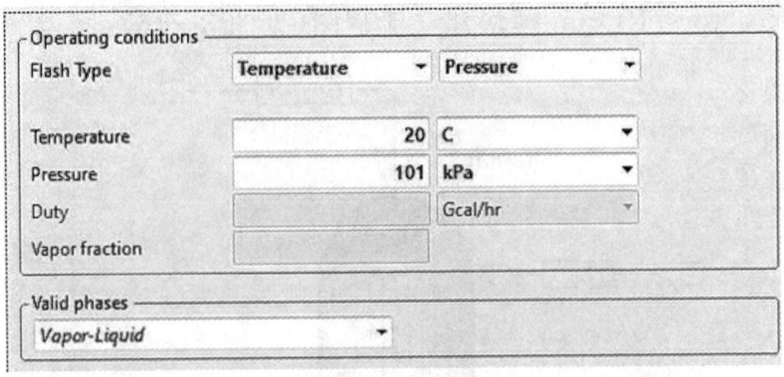

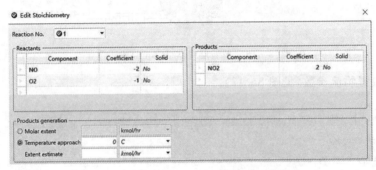

图 8-18　设置 REquil 反应参数

图 8-19　输入 REquil 反应方程式计量参数

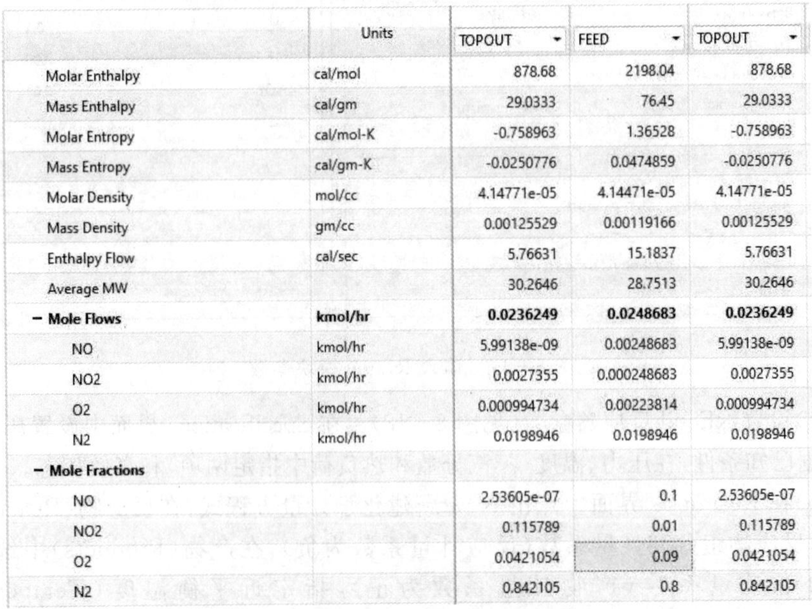

	Units	TOPOUT	FEED	TOPOUT
Molar Enthalpy	cal/mol	878.68	2198.04	878.68
Mass Enthalpy	cal/gm	29.0333	76.45	29.0333
Molar Entropy	cal/mol-K	-0.758963	1.36528	-0.758963
Mass Entropy	cal/gm-K	-0.0250776	0.0474859	-0.0250776
Molar Density	mol/cc	4.14771e-05	4.14471e-05	4.14771e-05
Mass Density	gm/cc	0.00125529	0.00119166	0.00125529
Enthalpy Flow	cal/sec	5.76631	15.1837	5.76631
Average MW		30.2646	28.7513	30.2646
− Mole Flows	kmol/hr	0.0236249	0.0248683	0.0236249
NO	kmol/hr	5.99138e-09	0.00248683	5.99138e-09
NO2	kmol/hr	0.0027355	0.000248683	0.0027355
O2	kmol/hr	0.000994734	0.00223814	0.000994734
N2	kmol/hr	0.0198946	0.0198946	0.0198946
− Mole Fractions				
NO		2.53605e-07	0.1	2.53605e-07
NO2		0.115789	0.01	0.115789
O2		0.0421054	0.09	0.0421054
N2		0.842105	0.8	0.842105

图 8-20　查看物流结果

8.3.2　吉布斯反应器 RGibbs

吉布斯反应器(RGibbs)模块根据系统的吉布斯自由能趋于最小值原则计算平衡,计算同时达到化学平衡和相平衡时的系统组成和分布,不需要规定化学反应式计量系数。吉布斯反应器可以用来估算系统可能达到的化学平衡和相平衡结果。吉布斯反应器是唯一能处理气液固三相平衡的反应器模块。

【例 8.4】　进料温度为 70 ℃,压力为 0.1013 MPa,其中水(Water)、乙醇(Ethanol)、乙酸(Acetic Acid)的流量分别为 8.892 kmol/h、186.59 kmol/h、192.6 kmol/h,在温度为 70 ℃,压力为 0.1013 MPa 的反应器中乙醇和乙酸发生酯化反应,生成乙酸乙酯(Ethyl Acetate)和水。物性方法选用 NRTL - HOC。

解:

(1)设置进料物流参数及物性方法(见图 8 - 21 和图 8 - 22)。

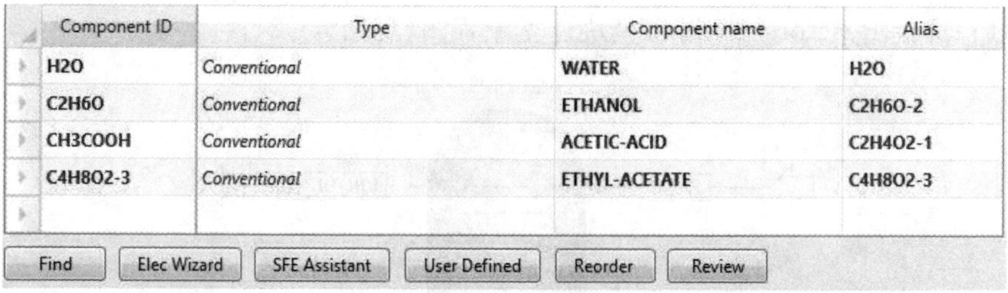

	Component ID	Type	Component name	Alias
▶	H2O	Conventional	WATER	H2O
▶	C2H6O	Conventional	ETHANOL	C2H6O-2
▶	CH3COOH	Conventional	ACETIC-ACID	C2H4O2-1
▶	C4H8O2-3	Conventional	ETHYL-ACETATE	C4H8O2-3
▶				

Find　Elec Wizard　SFE Assistant　User Defined　Reorder　Review

图 8 - 21　输入组分

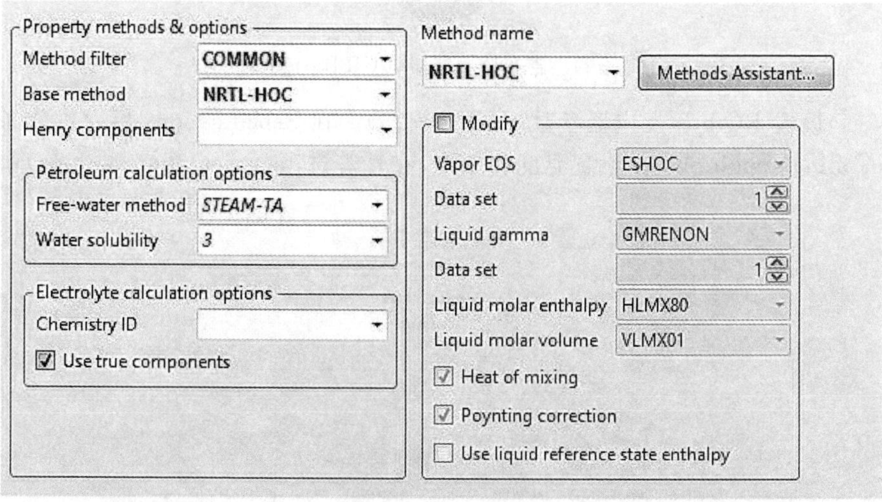

图 8 - 22　选择物性方法

(2)设置进料参数(见图 8 - 23)。

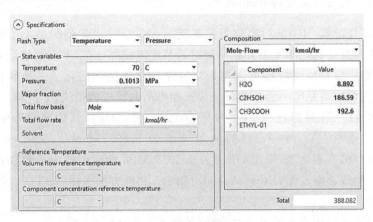

图 8 - 23　输入进料 FEED 数据

(3)选择 Reactors/RGibbs 模块建立流程图(见图 8 - 24)。

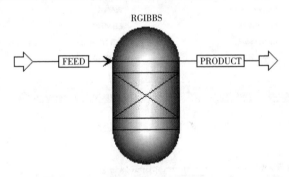

图 8 - 24　吉布斯反应器(RGIBBS)流程图

(4)设置 RGibbs 反应器参数(见图 8 - 25)。在 Sepcifications 界面操作条件(Operating conditions)中设置温度和压力;在计算选项(Calculation options)中指

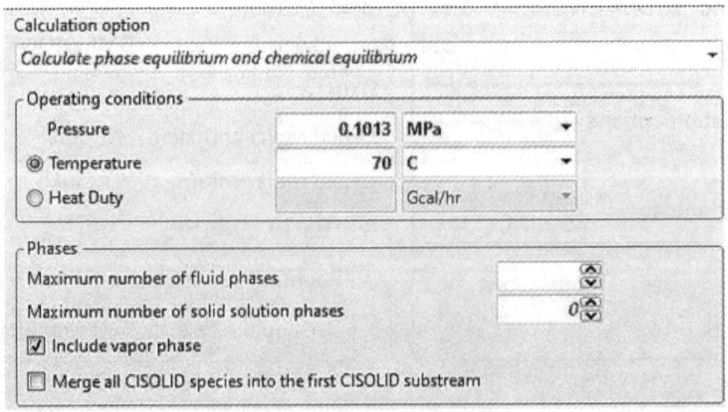

图 8 - 25　输入模块 RGIBBS 参数

定计算类型（仅计算相平衡/同时计算化学平衡和相平衡/是否限制化学平衡）；在相态（Phases）中输入存在的相数。

（5）如图 8 - 26 所示，在 Products 界面中设置产物：系统中的所有组分都可以是产物（RGibbs considers all components as products）、指定可能的产物组分（Identify possible products）、定义产物存在的相态（Define phases in which products appear）。如果有不参加反应的组分在 Inerts 表单中输入。这里默认选择第一项。

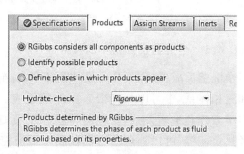

图 8 - 26　规定反应产物

（6）运行流程，模拟结果如图 8 - 27 所示。

	Units	PRODUCT	
Mass Enthalpy	cal/gm	-1549.62	
Molar Entropy	cal/mol-K	-47.2667	
Mass Entropy	cal/gm-K	-0.902621	
Molar Density	mol/cc	3.76213e-05	
Mass Density	gm/cc	0.00197008	
Enthalpy Flow	cal/sec	-8.74776e+06	
Average MW		52.3661	
- Mole Flows	**kmol/hr**	**388.082**	
H2O	kmol/hr	170.495	
C2H6O	kmol/hr	24.9874	
CH3COOH	kmol/hr	30.9974	
C4H8O2-3	kmol/hr	161.603	
- Mole Fractions			
H2O		0.439326	
C2H6O		0.0643868	
CH3COOH		0.0798732	
C4H8O2-3		0.416414	
+ Mass Flows	**kg/hr**	**20322.3**	
+ Mass Fractions			
Volume Flow	l/min	171925	
+ Vapor Phase			

图 8 - 27　模拟结果

8.4 动力学反应器

8.4.1 全混釜反应器 RCSTR

全混釜反应器(RCSTR)模块用于模拟连续搅拌釜反应器,可以模拟单相、两相和三相体系,也可以处理带有固体的反应。RCSTR 模块需要规定化学反应式、动力学方程和平衡关系、反应器体积和反应时间、有效相态以及反应器压力、温度或者热负荷等,可以处理动力学控制和平衡控制两类反应。

【例 8.5】 用 RCSTR 模块模拟乙醇和乙酸发生酯化反应,生成乙酸乙酯和水。进料温度为 70 ℃,压力为 0.1013 MPa,其中水(Water)、乙醇(Ethanol)、乙酸(Acetic Acid)的流量分别为 8.892 kmol/h、186.59 kmol/h、192.6 kmol/h。物性方法选用 NRTL - HOC。化学反应方程式如下:

$$C_2H_5OH^{(A)} + CH_3COOH^{(B)} \rightleftharpoons CH_3COOC_2H_5{}^{(C)} + H_2O^{(D)}$$

正反应的反应动力学方程为

$$R_1 = 1.9 \times 10^8 \exp(-E/RT) C_A C_B$$

逆反应的反应动力学方程为

$$R_2 = 5.0 \times 10^7 \exp(-E/RT) C_C C_D$$

上式中,$E = 5.95 \times 10^7$ J/kmol。

该反应为液相反应,反应器 RCSTR 的体积为 0.14 m³。

解:

(1)进入 Methods | Specifications | Selection 页面,输入组分 ETHANOL、ACETIC - ACID、ETHYL - ACETATE、WATER(见图 8 - 28)。

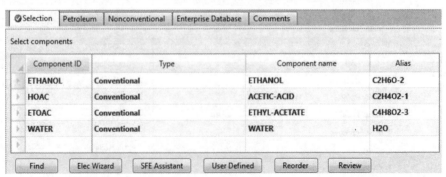

图 8 - 28 输入组分

（2）进入 Methods|Specifications|Global 页面，选择物性方法为 NRTL - HOC。

（3）进入 Methods|Parameters|Binary Interaction|NRTL - 1|Input 页面，查看方程的二元交互作用参数，本例采用默认值，不做修改。

（4）出现 Properties Input Complete 对话框，选择 Go to Simulation environment，点击 OK，进入模拟环境。建立如图 8 - 29 所示的流程图，其中反应器 RCSTR 选用模块选项板中 Reactors|RCSTR|ICON1 图标。

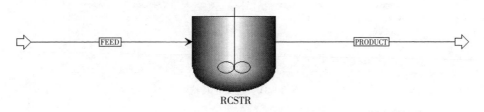

图 8 - 29 RCSTR 反应流程图

（5）进入 Streams|FEED|Input|Mixed 页面，输入相关参数。进料 FEED 压力为 0.1013 MPa，温度为 70 ℃，水、乙醇、乙酸的流量分别为 8.892 kmol/h、186.59 kmol/h、192.6 kmol/h。

（6）进入 Blocks|RCSTR|Step|Specifications 页面，输入 RCSTR 模块参数。Pressure（操作压力）输入 0.1013 MPa，Temperature（温度）输入 70 C，Valid phases（有效相态）选择 Liquid - Only，Reactor 的 Volume 输入 0.14 cum（见图 8 - 30）。

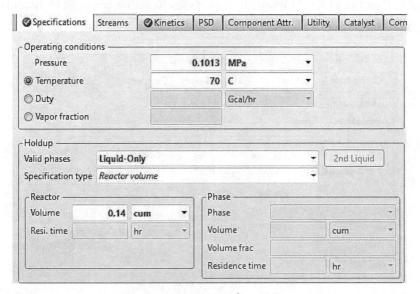

图 8 - 30 输入模块 RCSTR 参数

(7)进入 Reaction|Reactions 页面,创建化学反应。选择 Edit Reaction 对话框,并将对话框中 Reaction type(反应类型)选择 Kinetic(动力学型),定义方程式如图 8-31 和图 8-32 所示。

图 8-31 定义正反应

图 8-32 定义逆反应

进入 Reactions|R-1|Input|Kinetic 页面,Reacting phase 选择 Liquid,Rate basis 选择 Reac(vol),k 输入 $1.9×10^8$,E 输入 5.95e+07 J/kmol(见图 8-33)。

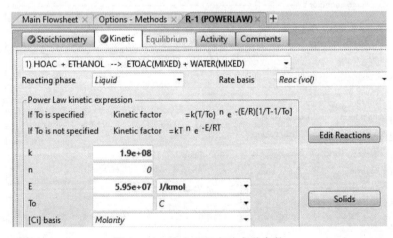

图 8-33 输入正反应动力学参数

进入 Reactions|R－2|Input|Kinetic 页面，Reacting phase 选择 Liquid，Rate basis 选择 Reac(vol)，k 输入 5e＋07，E 输入 5.95e＋07 J/kmol(见图 8－34)。

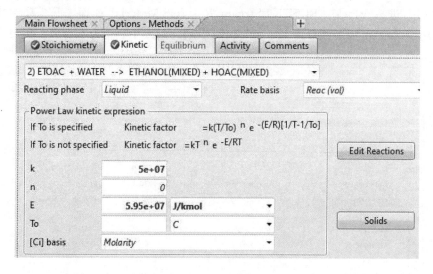

图 8－34　输入逆反应动力学参数

化学反应创建完成。

(8)进入 Blocks|RCSTR|Step|Reactions 页面，将 Available reaction sets 中的 R－1 选入 Selected reaction sets(见图 8－35)。

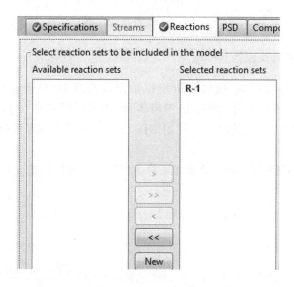

图 8－35　选择模块 RCSTR 中的化学反应对象

（9）点击 ，出现 Required Input Complete 对话框，点击 OK 按钮，运行模拟，流程收敛。

（10）进入 Blocks | RCSTR | Stream Results | Material 页面，可以看到本例 ETOAC(乙酸乙酯)的流量为 119.931 kmol/h(图 8-36 中显示为 119.931 kmol/hr)。

	Material	Heat	Load	Vol.% Curves	Wt. % Curves	Petroleum	Polymers	Solids

		Units	FEED	PRODUCT	
Molar Liquid Fraction			1	1	
Molar Solid Fraction			0	0	
Mass Vapor Fraction			0	0	
Mass Liquid Fraction			1	1	
Mass Solid Fraction			0	0	
Molar Enthalpy		kcal/mol	-89.3889	-89.4677	
Mass Enthalpy		kcal/kg	-1707	-1708.51	
Molar Entropy		cal/mol-K	-72.7633	-70.7901	
Mass Entropy		cal/gm-K	-1.38951	-1.35183	
Molar Density		kmol/cum	16.693	16.6268	
Mass Density		kg/cum	874.146	870.68	
Enthalpy Flow		Gcal/hr	-34.6902	-34.7208	
Average MW			52.3661	52.3661	
− Mole Flows		kmol/hr	388.082	388.082	
ETHANOL		kmol/hr	186.59	66.6586	
HOAC		kmol/hr	192.6	72.6686	
ETOAC		kmol/hr	0	119.931	
WATER		kmol/hr	8.892	128.823	

图 8-36 查看物流结果

8.4.2 平推流反应器 RPlug

平推流反应器(RPlug)模块可以模拟轴向没有反混、径向完全混合的理想平推流反应器，可以模拟单相、两相和三相体系，也可以模拟带传热流体(冷却或加热)物流(并流或逆流)的反应器。使用 RPlug 模块时需要规定反应器管长、管径以及管数等参数。

【例 8.6】 采用 RPlug 模块模拟 CO_2 和 H_2 转化为甲醇的反应，化学反应方程式如下：

$$CO_2 + 3H_2 \Longleftrightarrow CH_3OH + H_2O \tag{8-1}$$

$$\gamma_{CH_3OH}[kmol/(kgcats)] =$$

$$\frac{1.07 \times 10^{-13} e^{(4413.76/T)} P_{CO_2} P_{H_2} - 4.182 \times 10^7 e^{(-2645.966/T)} \dfrac{P_{CH_3OH} P_{H_2O}}{P_{H_2}^2}}{[1 + 3453.38(P_{H_2O}/P_{H_2}) + 1.578 \times 10^{-3} e^{(-2068.44/T)} P_{H_2}^{0.5} + 6.62 \times 10^{-16} e^{(14928.915/T)} P_{H_2O}]^3} \tag{8-2}$$

$$CO_2 + H_2 \Longleftrightarrow CO + H_2O \tag{8-3}$$

$$\gamma_{CO}[kmol/(kgcats)] =$$

$$\frac{122\,e^{-(11398.244/T)}P_{CO_2} - 1.1412\,e^{-(6624.98/T)}\dfrac{P_{CO}P_{H_2O}}{P_{H_2}}}{[1 + 3453.38(P_{H_2O}/P_{H_2}) + 1.578\times10^{-3}\,e^{(2068.44/T)}P_{H_2}^{0.5} + 6.62\times10^{-16}\,e^{(14928.915/T)}P_{H_2O}]^1} \tag{8-4}$$

式(8-1)和式(8-3)都是固相催化的放热反应,其反应动力学为式(8-2)和式(8-4),负荷 Langmuir - Hinshelwood - Hougen - Watson(LHHW)形式。通常,甲醇生产采用非绝热多列管固定床反应器,换热流体的壳程流动。

解:

(1)进入 Methods | Specifications | Selection 页面,输入组分 CO_2、CO、H_2、CH_3OH、H_2O(见图 8-37)。

	Component ID	Type	Component name	Alias
▶	CO	Conventional	CARBON-MONOXIDE	CO
▶	CO2	Conventional	CARBON-DIOXIDE	CO2
▶	CH3OH	Conventional	METHANOL	CH4O
▶	H2O	Conventional	WATER	H2O
▶	H2	Conventional	HYDROGEN	H2
▶				

Selection | Petroleum | Nonconventional | Enterprise Database | Comments

Select components

Find | Elec Wizard | SFE Assistant | User Defined | Reorder | Review

图 8-37　输入组分

(2)进入 Methods | Specifications | Global 页面,选择物性方法为 SRK,建立如图 8-38 所示的流程图,选择 Reactors | RPlug 模块建立流程。

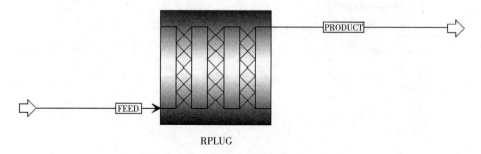

FEED　PRODUCT

RPLUG

图 8-38　RPlug 模拟流程图

(3)进入 Streams|FEED|Input 页面,输入温度、压力、流量和组成的参数(见图 8 - 39)。

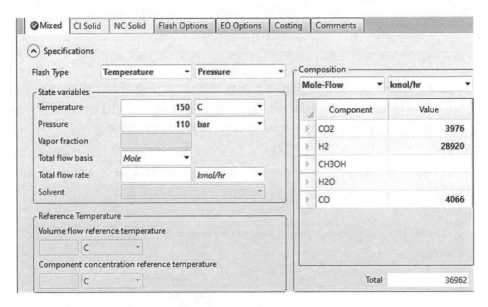

图 8 - 39　进料物流的温度、压力、流量和组成性质

(4)设置 RPlug 反应器的换热方式和温度分布(见图 8 - 40)。

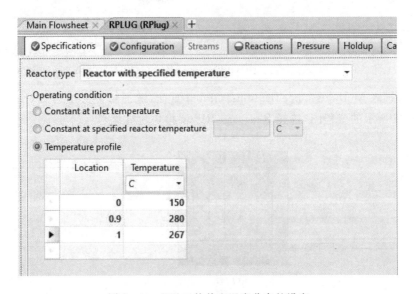

图 8 - 40　RPlug 换热和温度分布的设定

（5）设置 RPlug 反应器的管子数、管子长度和管子直径（见图 8－41）。

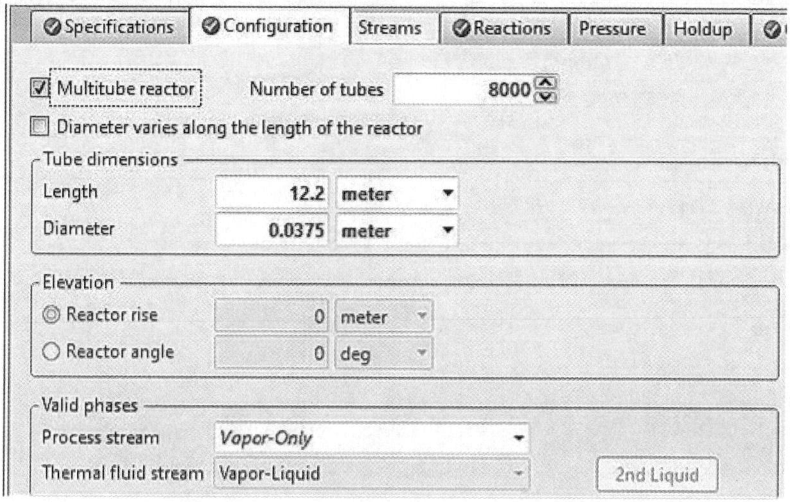

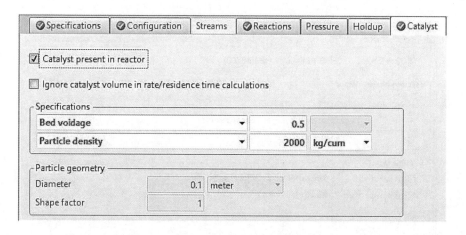

图 8－41　Configuration 页面反应器尺寸的设定

（6）设置 RPlug 反应器的催化剂颗粒密度和床层孔隙率（见图 8－42）。

图 8－42　在 Catalyst 页面中定义催化剂颗粒密度和床层孔隙率

（7）定义甲醇生产反应。

第一，定义式（8－1）。

① 进入 Reactions 目录，点击 NEW 按钮，弹出窗口 Creact New ID 窗口。选择默认 ID（R－1），反应类型选择 LHHW。

② 在 Stoichiometry 页面，点击 NEW 按钮，弹出 Edit Reaction 窗口（见图 8－43）。

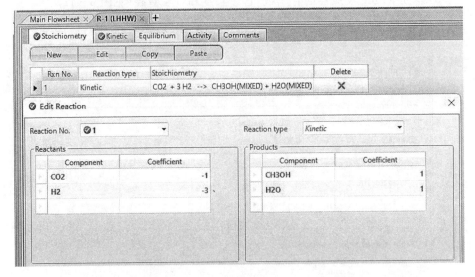

图 8-43　定义 LHHW 型反应方程组 R-1 式(8-1)的反应计量系数

③ 进入 Kinetic 页面,Reacting phase(反应相态)选择 Vapor,Rate basis(速率基准)选择 Cat(wt)(催化剂质量),k 输入 1,E 输入 0 kJ/kmol(见图 8-44)。

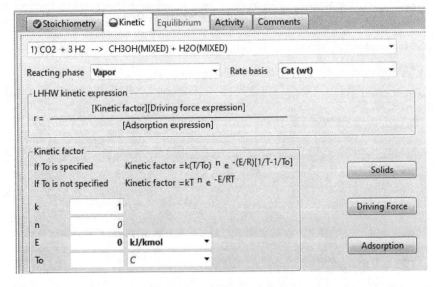

图 8-44　反应动力学参数

④ Term 1 定义为正反应,系数 A 和 B 分别为推动力常数,以 Partial pressure 为基准(见图 8-45)。

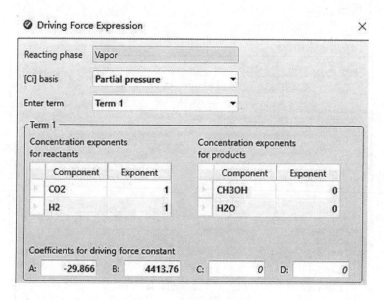

图 8 - 45　Term 1 参数输入

⑤ Term 2 定义为逆反应,其参数输入如图 8 - 46 所示。

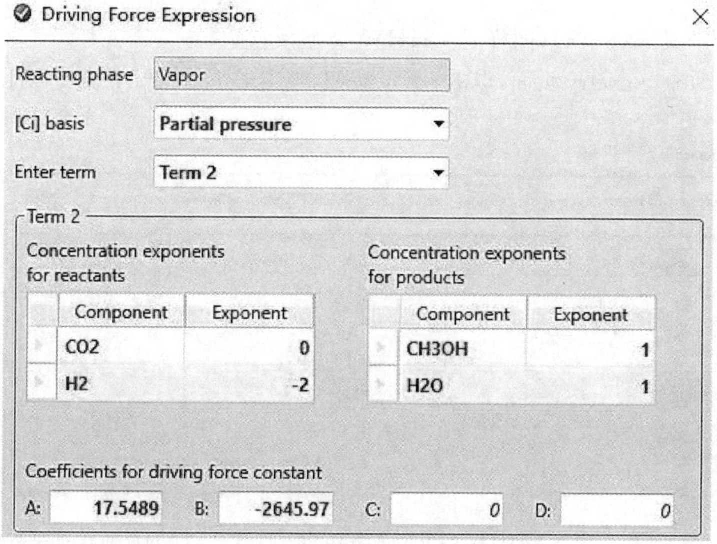

图 8 - 46　Term 2 参数输入

⑥ 点击 Adsorption 按钮,弹出 Adsorption Expression 窗口,式(8 - 2)分母中括号内项的幂次为 3,因此 Adsorption expression exponent 设为 3,其他参数输入

如图 8 – 47 所示。

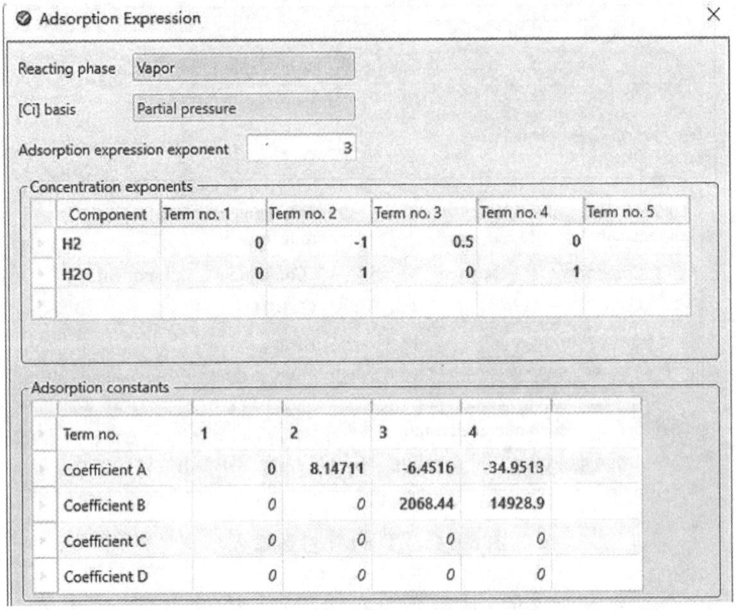

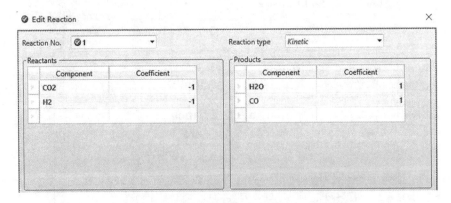

图 8 – 47   Adsorption Expression 参数输入

第二,定义式(8 – 3),同样是 LHHW 类型反应。

① 在 Stoichiometry 页面,点击 NEW 按钮,弹出 Edit Reaction 窗口(见图 8 – 48)。

图 8 – 48   定义 LHHW 型反应方程组 R – 1(式 8 – 3)的反应计量系数

② 进入 Kinetic 页面,Reacting phase(反应相态)选择 Vapor,Rate basis(速率基准)选择 Cat(wt)(催化剂质量),K(动力学因子)输入 1,E 输入 0 kJ/kmol(见图 8 – 49)。

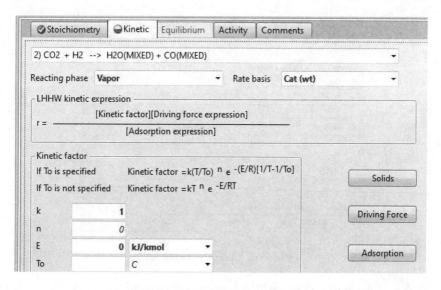

图 8-49 反应动力学参数输入

③ Term 1 定义为正反应,系数 A 和 B 分别为推动力常数,以 Partial pressure 为基准(见图 8-50)。

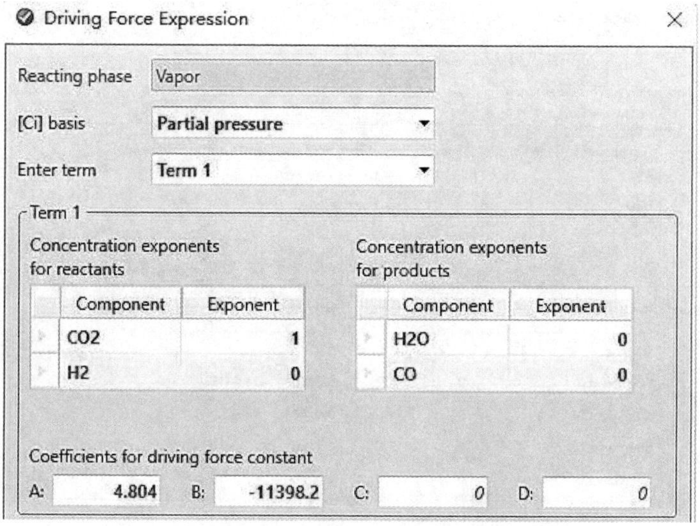

图 8-50 Term 1 参数输入

④ Term 2 定义为逆反应,系数 A 和 B 分别为推动力常数,以 Partial pressure 为基准(见图 8-51)。

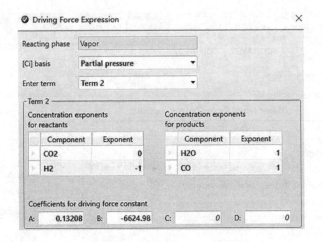

图 8-51 Term 2 参数输入

⑤ 点击 Adsorption 按钮,弹出 Adsorption Expression 窗口,式(8-4)分母中括号内项的幂次为 1,因此 Adsorption expression exponent 设为 1,其他参数输入如图 8-52 所示。

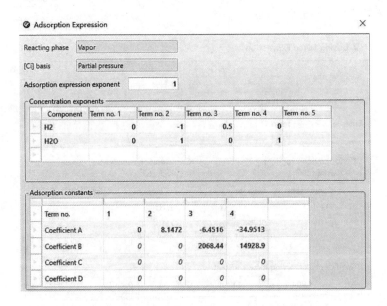

图 8-52 Adsorption Expression 参数输入

(8)两个反应定义完成后,将其在 Reactions 页面下与 RPlug 进行关联。RPlug 反应器模拟结果如图 8-53 所示。

Material | Vol.% Curves | Wt. % Curves | Petroleum | Polymers | Solids | Status

	Units	PRODUCT	
Phase		Vapor Phase	
Temperature	C	267	
Pressure	bar	110	
Molar Vapor Fraction		1	
Molar Liquid Fraction		0	
Molar Solid Fraction		0	
Mass Vapor Fraction		1	
Mass Liquid Fraction		0	
Mass Solid Fraction		0	
Molar Enthalpy	kcal/mol	-16.7361	
Mass Enthalpy	kcal/kg	-1427.17	
Molar Entropy	cal/mol-K	-5.90648	
Mass Entropy	cal/gm-K	-0.503675	
Molar Density	kmol/cum	2.38066	
Mass Density	kg/cum	27.9174	
Enthalpy Flow	Gcal/hr	-495.476	
Average MW		11.7268	
- Mole Flows	**kmol/hr**	**29605.1**	
CO2	kmol/hr	3129.14	
H2	kmol/hr	20716.3	
CH3OH	kmol/hr	3678.43	
H2O	kmol/hr	846.858	
CO	kmol/hr	1234.42	

图 8－53　RPlug 反应器模拟结果

第9章 化工过程分析与优化工具

为方便用户可以控制以及分析流程,Aspen Plus 提供了一些有用的工具,这些工具设置在数据浏览窗口(Data Browser)的流程选项(Flowsheeting Options)和模型分析工具(Model Analysis Tools)目录下。流程选项主要包括设计规定(Design Spec)、计算器(Calculator)、传递模块(Transfer)、平衡模块(Balance)等。模型分析工具主要包括灵敏度分析(Sensitivity)、优化(Optimization)、约束(Constraint)、数据拟合(Data Fit)以及工况分析(Case Study)。本章重点介绍常用的几个工具,如设计规定(Design Spec)、计算器(Calculator)、灵敏度分析(Sensitivity)和过程优化(Optimization)这四种常用的分析与优化工具。

9.1 设计规定

设计规定工具允许用户通过调整某些指定的输入变量来满足设计规定指标。例如,调整某个工艺参数以期达到规定的回收率、纯度等。其中,用户必须选择一个模块输入变量、过程进料物流变量或其他模拟输入变量作为调节对象以满足此设计规定,该变量称为操纵变量(Manipulated Variable);与之对应的是被指定期望值或函数(此函数可以是任意涉及一个或多个流程变量的合法 Fortran 表达式)的变量,则称为采集变量(Measured Variable)。其中,只有被输入到流程中的参量才能被作为操纵变量。用户不能直接改变模拟过程中变量的计算值,比如,不能直接改变循环物流的流量,但可以改变 FSplit 模块的分割比(而循环物流是 FSplit 的出口物流),以达到改变循环物流的流量的目的。一个设计规定只能用一个操纵变量来调节。

设计规定会产生必须迭代求解的回路,缺省情况下,Aspen Plus 为每个设计规定生成一个收敛模块并将收敛模块排序。设计规定在计算时,将物流或模块输入页中提供的操纵变量的值作为初值,为操纵变量提供一个合适的初值有助于减少设计规定收敛计算的迭代次数。设计规定的目标是期望值等于计算值,模拟时需要规定容差,在该容差范围内满足目标函数关系,停止迭代计算。设计规定中实际满足的方程为|规定值-计算值|<容差。

定义一个设计规定一般包括以下 5 个步骤:(1)建立设计规定;(2)标识设计规定中的采集变量;(3)为采集变量或函数指定期望值并指定容差;(4)标识操纵变

量,并指定该操纵变量的上下限;(5)输入可选的 Fortran 语句。

【例 9.1】 煤经气化等过程得到一股温度为 250 ℃,压力为 3.8 MPa,流量为 100 kmol/h 的合成气,摩尔组成:CO 为 54.58%,H_2 为 29.37%,CO_2 为 16.05%。为了满足合成甲醇、乙二醇等产品需要,需经过水煤气变换反应,将合成气中的 H_2/CO 比调整至 2.0 左右。已知上述合成气与 4.0 MPa 饱和蒸汽 100 kmol/h 在水煤气变换反应器(3.8 MPa 和 250 ℃)中发生反应($CO+H_2O \longrightarrow H_2+CO_2$),CO 的转化率为 91%,物性方法 PENG - ROB,求需要多少合成气用于变换反应?

解:

(1)在 Properties 环境下输入组分(CO、H_2、CO_2 和 H_2O),选择物性方法 PENG - ROB,并查看二元交互参数,本例采用缺省值。

(2)点击 ，进入 Simulation 界面,选用 FSplit、RSTOIC 和 Mixer 模块,并连接,建立流程图(见图 9 - 1)。

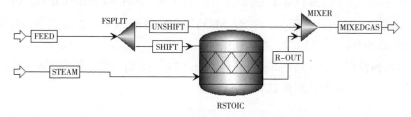

图 9 - 1 水煤气变换过程模拟流程图

(3)点击 ，输入合成气和蒸汽的进料条件(见图 9 - 2)。

(a)输入的合成气进料条件

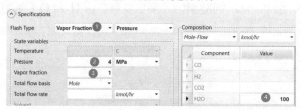

(b)输入蒸汽的进料条件

图 9 - 2 输入的合成气进料条件

(4)点击 ，定义 FSplit 模块,假定变换比的初始值为 0.5[见图 9 - 3(a)]。

（5）点击 ，设置反应器 RSTOIC 模块参数［见图 9-3（b）和（c）］。

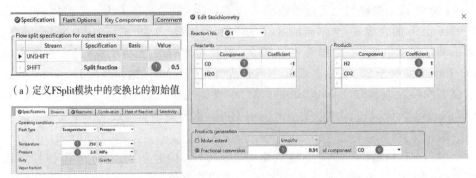

（a）定义 FSplit 模块中的变换比的初始值

（b）设置反应器 RSTOIC 模块中的操作参数 　　（c）设置反应器 RSTOIC 模块中化学方程式系数

图 9-3　输入 FSplit 模块和 RSTOIC 模块参数

（6）先初步运行，检验参数是否合理。点击 ，出现 Required Input Complete 对话框，点击 OK，运行模拟。查看 MIXEDGA 物流结果，结果显示 $H_2/CO =$ $44.2703/39.6797 = 1.11 < 2.0$（见图 9-4）。

（7）找到窗口左侧 Flowsheeting Options｜Design Specs｜New，新建一个设计规定（见图 9-5）。本例采用默认命名 DS-1。

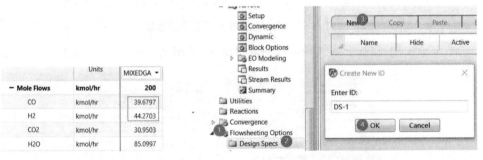

	Units	MIXEDGA ▾
− Mole Flows	kmol/hr	200
CO	kmol/hr	39.6797
H2	kmol/hr	44.2703
CO2	kmol/hr	30.9503
H2O	kmol/hr	85.0997

图 9-4　初步运行结果　　　　　　　　　图 9-5　新建设计规定 DS-1

（8）点击 OK，在 Variable 列分别输入采集变量名称 H_2 和 CO［见图 9-6（a）和（b）］。

（a）定义物流中 H_2 的参数 　　　　　　　　（b）定义物流中 CO 的参数

图 9-6　定义采集变量

（9）点击 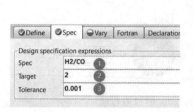，进入 Design Specs|DS-1|Input|Spec 页面，计算采集变量 H_2/CO 比值，并规定目标值和容差为 2 和 0.001（见图 9-7）。

（10）点击 ，进入 Design Specs|DS-1|Input|Vary 页面，指定 FSplit 模块的 SHIFT 物流的 FLOW/FRAC 为操纵变量，规定上下限为 1 和 0（见图 9-8）。

图 9-7 定义 Spec

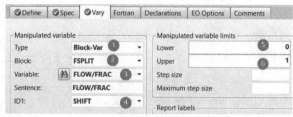

图 9-8 定义操纵变量

（11）点击 ，出现 Required Input Complete 对话框，点击 OK，运行模拟。进入 Flowsheeting Options|Design Specs|DS-1|Results 查看结果，发现当 53.55% 的合成气用于变换时，最终合成气中的 H_2/CO 比值可以为 2.0（见图 9-9）。

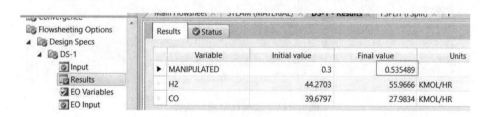

图 9-9 查看设计规定的结果

9.2　计算器

在早期版本的 Aspen Plus 中，计算器（Calculator）模块称为 Fortran 模块。在此模块中，用户可以自行编写 Aspen Plus 可执行的 Fortran 程序，把语句插入流程计算中，以便执行用户定义的任务。例如，在使用输入变量前计算和设定它们（前馈控制），把信息写到控制面板上，从一个文件中读取输入数据，把结果写到 Aspen Plus 报告或写到任意外部文件中，调用外部子程序，编写用户子程序。

一般而言，完成一个计算器模块的定义包括以下步骤：（1）建立一个计算器（Calculator）模块；（2）标识模块的采集变量或操纵变量；（3）输入 Fortran 语句；（4）指定何时执行 Calculator 模块。

【例 9.2】 已知某一冷凝器的压降与入口物流体积流量的关系为 $\Delta P = -0.0034\ V^2$,其中,压降 ΔP 和体积流量 V 的单位分别为 kPa 和 m^3/h。求流量为 $120\ m^3/h$、压力为 1.8 bar 的饱和水蒸气经过该冷凝器的出口压力(冷凝器温度为 100 ℃)。物性方法采用 IAPWS-95。

解：

(1)在 Properties 环境下输入组分(H_2O),选择物性方法 IAPWS-95。

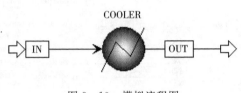

COOLER

(2)点击 ,进入 Simulation 界面,选用 Heater 模块,并连接,建立流程(见图 9-10)。

图 9-10 模拟流程图

(3)点击 ,输入水蒸气进料物流 IN 的进料条件(见图 9-11)。

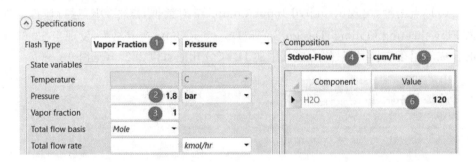

图 9-11 水蒸汽的进料条件

(4)点击 ,输入冷却器 COOLER 的参数(见图 9-12)。

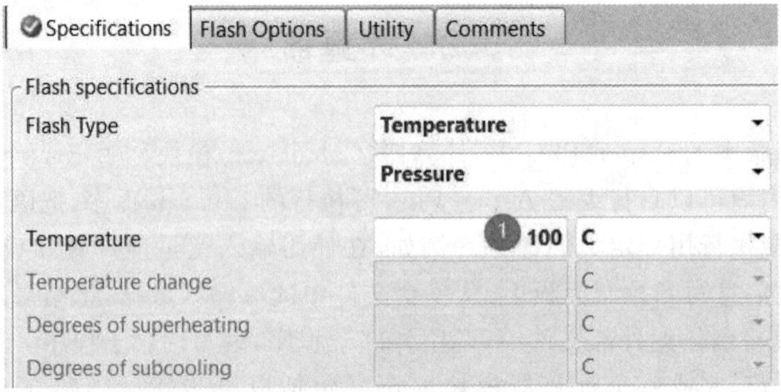

图 9-12 冷却器 COOLER 参数

（5）先初步运行，检验参数是否合理。点击 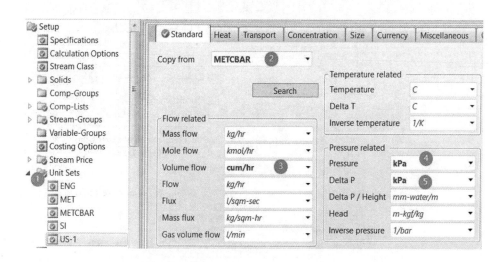，出现 Required Input Complete 对话框，点击 OK，运行模拟，流程收敛。

（6）由于压降与流量的关系式分别要求压降和流量单位为 kPa 和 m^3/h，需要在 Setup|Unit Sets 页面中新建单位集 US-1，以 METCBAR 单位集为基准，将压降单位和流量单位分别设置为 kPa 和 cum/hr（见图 9-13）。并在 Setup|Specifications 页面 Global unit set 中选择 US-1，Global unit set US-1。

图 9-13 新建单位集 US-1

（7）左侧窗口找到 Flowsheeting Options|Calculator 页面，点击 New 按钮，采用默认标识 C-1，创建计算器模块，点击 OK[见图 9-14(a)]。

（8）在 Calculator|C-1|Input|Define 页面，设定输出变量为冷凝器（COOLER）压降 Y，输入变量为冷凝器入口物流 IN 体积流量 X[见图 9-14(b) 和(c)]。

（9）点击 ，在 Calculator|C-1|Input|Calculate 页面，输入可执行的 Fortran 表达式[见图 9-14(d)]。

（10）点击 ，在 Calculator|C-1|Input|Sequence 页面，定义计算器模块执行顺序为在计算单元模块 COOLER 之前运行[见图 9-14(e)]。

（11）点击 ，出现 Required Input Complete 对话框，点击 OK，运行模拟，流程收敛。进入 Blocks|COOLER|Results 页面，查看计算结果（见图 9-15），此时冷凝器压降为 48.96 kPa，出口压力为 1.3104 bar。

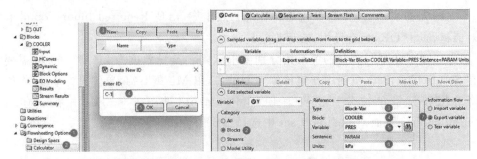

（a）创建计算器模块　　　　　　　　　（b）定义输出变量

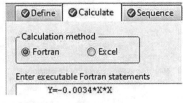

（c）定义输入变量　　　　　　　　　　（d）输入Fortran表达式

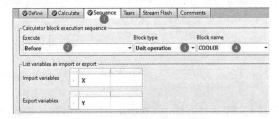

（e）定义计算器模块执行顺序

图 9-14　新建计算器模块 C-1

Summary	Balance	Phase Equilibrium	Utility Usage	Status

Outlet temperature	100	C
Outlet pressure	1.3104	bar
Vapor fraction	0	
Heat duty	-75.9275	MW
Net duty	-75.9275	MW
1st liquid / Total liquid	1	
Pressure-drop correlation parameter		
Pressure drop	48.96	kPa

图 9-15　基于计算器模块 C-1 的模拟结果

9.3　灵敏度分析

灵敏度分析(Sensitivity Analysis)模块是分析关键操作变量或设计变量对工艺参数变化的有效工具。用户可以使用此工具改变一个或多个流程变量并研究其变化对其他流程变量的影响,还可以使用此工具来进行简单的过程优化。其中,把改变的流程变量称为操纵变量,其必须是流程中用户输入的参数;把受操纵变量影响的其他变量称为目标变量(或采集变量)。定义一个灵敏度分析模块主要包括以下几个步骤:①建立一个灵敏度分析;②标识采集变量;③标识操纵变量;④定义要进行制表的变量;⑤输入可选的 Fortran 语句。

通过灵敏度分析,用户可以研究操纵变量的变化对过程输出结果(目标变量)的影响规律,可以把模拟结果绘制成曲线,使不同变量之间的关系更加形象化。此外,灵敏度分析与流程的模拟是相互独立进行的,因此,使用灵敏度分析工具中对流程输入变量所做的改变,不会影响前面流程的模拟结果。

【例 9.3】　在例 8.6 CO_2 合成甲醇模拟流程的基础之上,分析列管长度对甲醇产率的影响。

解:

(1)打开例 8.6bkp 文件,点击进入 Model Analysis Tools|Sensitivity 页面,点击 New 按钮,采用默标识 S-1,创建灵敏度分析模块(见图 9-16)。

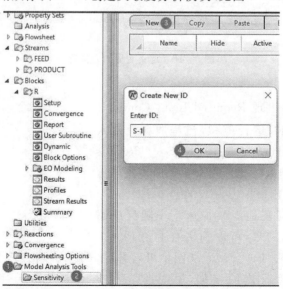

图 9-16　新建灵敏度分析 S-1

(2)点击 OK,进入 Model Analysis Tools|Sensitivity|S-1|Input|Vary 页面,定义操纵变量 1 为平推流反应器 RPLUG 模块的列管长度,变换范围为 5~15 m,步长为 1 m[见图 9-17(a)]。

(3)点击 $\overset{N\triangleright}{\text{Next}}$,跳转到 Model Analysis Tools|Sensitivity|S-1|Input|Define 页面,定义采集变量 FP 为 PRODUCT 中甲醇的摩尔流率[见图 9-17(b)]。

（a）定义RPLUG模块的列管长度为操纵变量　　　　（b）定义甲醇的摩尔流率为采集变量

图 9-17　定义操纵变量和采集变量

(4)点击 $\overset{N\triangleright}{\text{Next}}$,跳转到 Model Analysis Tools|Sensitivity|S-1|Input|Tabulate 页面,定义在第 1 列输出 FP(见图 9-18)。

图 9-18　定义变量的列位置

(5)点击 $\overset{N\triangleright}{\text{Next}}$,出现 Required Input Complete 对话框,点击 OK,运行模拟,流程收敛。进入 Model Analysis Tools|Sensitivity|S-1|Results 页面,查看计算结果(见图 9-19),此时冷凝器压降为 48.96 kPa,出口压力为 1.3104 bar。

(6)为了更直观地观察加床产率随反应器列管长度变化的结果,可以利用右上角 Plot 工具将结果作图(见图 9-20)。从图中可以看出,随着反应器列管长度的增加,甲醇产量不断增加。

Row/ Case	Status	VARY 1 RPLUG PARAM LENGTH METER	FP KMOL/HR
1	OK	5	2811.09
2	OK	6	3038.6
3	OK	7	3214.82
4	OK	8	3352.58
5	OK	9	3460.53
6	OK	10	3546.05
7	OK	11	3614.23
8	OK	12	3668.87
9	OK	12.2	3678.43
10	OK	13	3713.26
11	OK	14	3748.56
12	OK	15	3777.92

图 9-19　灵敏度分析结果

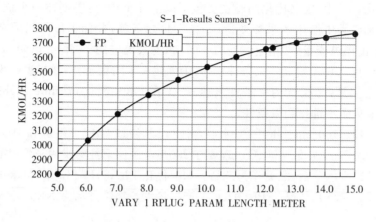

图 9 - 20　甲醇产量与列管长度关系

9.4　过程优化

优化模块位于 Model Analysis Tools|Optimization 页面,约束条件在 Model Analysis Tools|Constraint 页面指定。采用优化模块时,可以通过调整操纵变量(进料条件、模块参数或其他输入变量)来实现用户指定的某个目标函数值最大或最小。其中,目标函数可以是含有一个或多个流程变量的合法 Fortran 表达式。目标函数的容差是与优化问题相关的收敛模块的容差。用户可以对优化问题不添加任何约束,也可以对优化添加等式或不等式约束。添加的约束可以是任意的 Fortran 表达式或内嵌 Fortran 语句计算得到的流程变量函数,且必须指定约束的容差。

优化的收敛对操纵变量的初始值可能很敏感,因此合理的初始值可能很重要。优化算法只能找出目标函数中的局部极值。在某些工况条件下,从求解区间中的不同点开始计算,在理论上可能得到目标函数的不同极值,然后从中得出所需要的最大值或最小值。断裂物流和优化问题可以同时或分别收敛。如果是同时收敛,断裂物流被当作额外的约束处理。如果优化不收敛,可对与优化相同的操纵变量进行灵敏度分析,以确保目标函数相对于任何操纵变量是连续的。

此外,还需注意如果用户下次运行时不对问题初始化,被优化模块改变的变量会保持其最后的运行值。如果用户修改此问题,以使这些变量永远不变,先前被改变的变量将从优化后恢复其最后值(此结果不是先前其他表单中指定的值),除非被修改或初始化。

通常可以联用优化模块(Optimization)及约束条件模块(Constraint)完成一个

过程的优化。其中,定义优化问题主要包括以下几个步骤:①创建一个优化问题;②标识目标函数中所用的采集变量;③指定目标函数,并标识出与问题有关的约束;④标识出操纵变量,并指定调整的范围;⑤输入可选的 Fortran 语句;⑥定义优化问题的约束条件。定义约束条件包括:①创建一个约束条件;②标识约束条件中使用的采集变量;③指定约束条件表达式;④在 Optimization | Input | Objective & Constrains 页面中选择约束条件。

【例 9.4】 100 kmol/h 甲醇/水混合液(摩尔组成为 30% 甲醇和 70% 水),进料压力为 2.0 bar,温度为 50 ℃。现要在 2.0 bar 条件下经两步闪蒸将甲醇提浓到不低于 60%(摩尔分数)之后作为产品。如何优化 FLASH1 和 FLASH2 的汽化分数(范围 0.3~0.8),使产品 PRODUCT 产量最大? 物性方法为 NRTL – RK。

解:

(1)启动软件,在 Properties 环境下的 Components 界面输入组分甲醇(CH_3OH)和水(H_2O)。

(2)点击 ▶,选择物性方法 NRTL – RK。

(3)点击 ▶,选择进入 Simulation 环境,建立流程图(见图 9 – 21)。

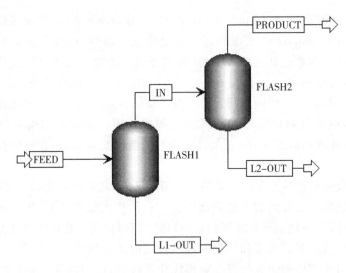

图 9 – 21 两步闪蒸流程图

(4)点击 ▶,指定进料参数:压力为 2.0 bar,温度为 50 ℃,流量为 100 kmol/h 的混合液,摩尔组成:甲醇 CH_3OH 为 30%,水 H_2O 为 70%。

(5)点击 ▶,输入闪蒸罐 FLASH1 的压力为 2.0 bar,气化分数为 0.5(假定初始值)。同理,输入闪蒸罐 FLASH2 的压力为 2.0 bar,气化分数为 0.5(假定初始值)。

(6)点击 ⬤，出现 Required Input Complete 对话框，点击 OK，初步运行模拟，流程收敛。

(7)点击进入 Model Analysis Tools|Constraint 页面，点击 New 按钮，采用默认标识 C-1，创建约束模块(见图 9-22)。

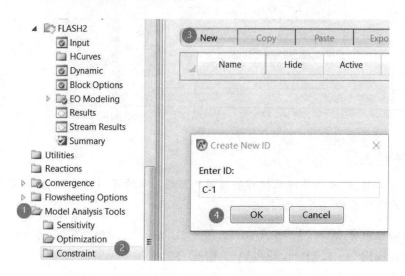

图 9-22　新建约束模块 C-1

(8)点击 OK，进入 Model Analysis Tools|Constraint|C-1|Input|Define 页面，定义采集变量，本例为产品物流 PRODUCT 中甲醇摩尔分数 Y(见图 9-23)。

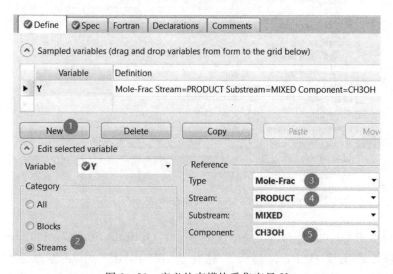

图 9-23　定义约束模块采集变量 Y

(9)点击 Next,进入 Model Analysis Tools|Constraint|C－1|Input|Spec 页面,定义约束表达式 Y * 100,变量 Y * 100 不低于 60,容差为 0.001(见图 9－24)。

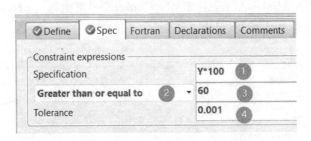

图 9－24　定义约束模块 C－1 约束条件

🔗 经验技巧

目标函数、约束条件以及操作参数值在 1 到 100 的范围内最好,这样可对该函数简单地乘以或除以某个数来实现。

(10)点击 Next,进入 Model Analysis Tools|Optimization 页面,点击 New 按钮,采用默认标识 O－1,创建优化模块(见图 9－25)。

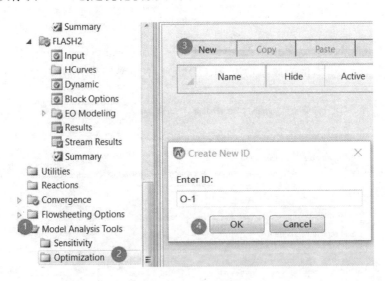

图 9－25　新建优化模块

(11)点击 OK,进入 Model Analysis Tools|Optimization|O－1|Input|Define 页面,定义采集变量 P,本例为产品物流 PRODUCT 中甲醇摩尔流量(见图 9－26)。

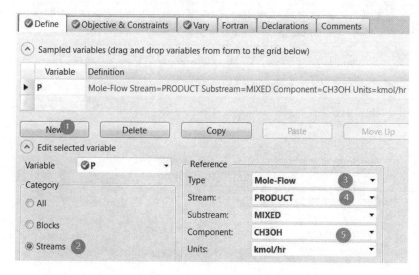

图 9-26 定义采集变量 P

(12)点击 N，进入 Model Analysis Tools | Optimization | O - 1 | Input | Objective& Constraints 页面，设定目标函数 P，取最大值，并添加约束条件 C-1（见图 9-27）。

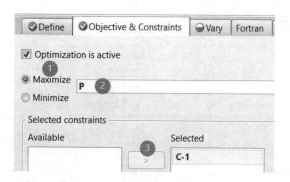

图 9-27 定义目标函数

(13)点击 N，进入 Model Analysis Tools | Optimization | O - 1 | Input | Vary 页面，输入操纵变量，本例中操纵变量为两闪蒸罐的气化分数，以变量 1（模块变量 FLASH1，气化分数 0.3~0.8）为例（见图 9-28）。同理，设置变量 2。

(14)点击 N，出现 Required Input Complete 对话框，点击 OK，运行模拟。进入 Model Analysis Tools | Optimization | O - 1 | Results 页面，查看计算结果[见图 9-29(a)~(d)]。在满足产品中甲醇摩尔分数不低于 60% 约束下[实际为

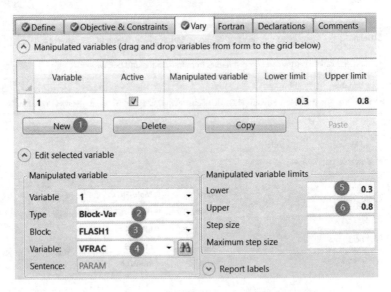

图 9 - 28　定义操纵变量 1(操纵变量 2,相同)

60.0086％,见图 9 - 29(a)],产品流量最大为 11.4853 kmol/h[见图 9 - 29(b)],优化后 FLASH1 和 FLASH2 的摩尔气化分数分别为 0.415013[见图 9 - 29(c)]和 0.461174[见图 9 - 29(d)]。

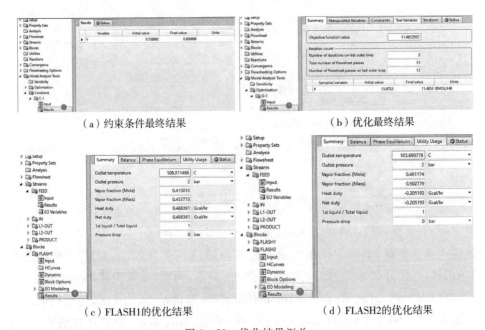

（a）约束条件最终结果　　　　　　　　（b）优化最终结果

（c）FLASH1的优化结果　　　　　　　　（d）FLASH2的优化结果

图 9 - 29　优化结果汇总

第 10 章　换热网络夹点分析

10.1　概　述

　　当换热系统中有多股热流和多股冷流进行换热时,可将所有的热流合并成一根热复合曲线,所有的冷流合并成一根冷复合曲线,然后将两者一起表示在温-焓图上。根据冷、热复合曲线垂直方向投影相交情况,在温-焓图上,冷、热复合曲线的相对位置只有三种不同的情况(见图 10 - 1):

　　(1)冷、热复合曲线垂直方向没有相交。如图 10 - 1(a)所示,此时热复合曲线与冷复合曲线在横轴上的投影完全没有重叠部分,表示过程中的热量全部没有回收,全部冷流由公用工程热流股来加热,全部热流由公用工程冷流股来冷却。此时,加热公用工程所提供的热量 Q_H 和冷却公用工程所提供的冷却量 Q_C 为最大。

　　(2)冷、热复合曲线垂直方向开始相交。如图 10 - 1(b)所示,将冷复合曲线平行地向左移动,则热复合曲线与冷复合曲线在横轴上的投影热流有 Q_R 部分重叠,表示热物流所放出的一部分热量 Q_R 可以用来加热冷流,所以加热公用工程所提供的热量 Q_H 和冷却公用工程所提供的冷却量 Q_C 均会相应地减少。两者减少部分的加和,也就是可回收利用的余热 Q_R。但此时由于是以最高温度的热流加热最低温度的冷流,传热温差很大,所以可回收利用的余热 Q_R 也有限。

　　(3)冷、热复合曲线垂直方向相交程度最大。如果继续将冷复合曲线向左平移至如图 10 - 1(c)所示,使热复合曲线和冷复合曲线在某点恰恰重合,此时,所回收的热量 Q_R 达到最大,加热公用工程所提供的热量 Q_H 和冷却公用工程所提供的冷却量 Q_C 均达到最小。冷、热复合曲线在某点重合时,该系统内部换热已经达到极限,重合点的传热温差为零,该点即为夹点。

　　但是在实际换热系统中,由于最小允许传热温差的存在,冷、热复合曲线不可能出现图中重合的情况(传热温差为零的情况)。

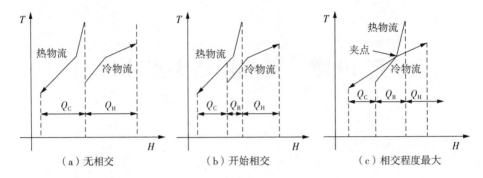

（a）无相交　　　　　　（b）开始相交　　　　　　（c）相交程度最大

图 10-1　冷、热复合曲线的三种相对位置情况

　　由确定夹点位置的方法可知,夹点具有两个特征:一是冷、热物流间的传热温差最小,即为最小允许传热温差 ΔT_{min};二是该夹点处的热通量为零。由上述特征,可进一步理解夹点存在的意义如下:① 夹点处的冷、热物流间传热温差最小(ΔT_{min}),它限制了进一步回收过程系统能量的可能性,构成了系统用能的"瓶颈"。如想提高系统能量回收量、减少公用工程负荷,就需要改善 ΔT_{min} 来解除"瓶颈"。具体措施:一是通过调整工艺改变夹点处物流的热特性。例如,使夹点处的热物流温度升高,使夹点处的冷物流温度降低,就有可能把冷复合曲线进一步左移,从而增加回收的热量。二是提高换热设备性能指标、使用高性能导热材料等手段实现。例如,使用合金换热器可以把液液两相换热的最小允许传热温差降低到 1 ℃的水平。② 夹点的出现将整个换热网络分成了三部分:夹点上方、夹点下方和夹点处(见图 10-2)。夹点上方称为热端(温位高),这部分只有换热和加热公用工程,没有任何热量流出,因此可看成是一个净热阱;夹点下方称为冷端(温位低),只有换热和冷却公用工程,没有任何热量流入,因此可看成是一个净热源;夹点处,热流量为零。

　　为保证过程系统具有最小加热和冷却公用工程用量,以及能量回收达到最大,Linnhoff 等人提出了著名的夹点方法设计三原则:① 夹点之上不应设置任何公用工程冷却器;② 夹点之下不应设置任何公用工程加热器;③ 不应有跨越夹点的传热。

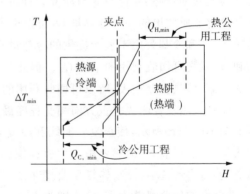

图 10-2　热源和热阱示意图

10.2　Aspen Plus 直接进行夹点计算

四股物流通过公用工程进行加热或冷却(见图 10-3)。具体操作步骤如下。

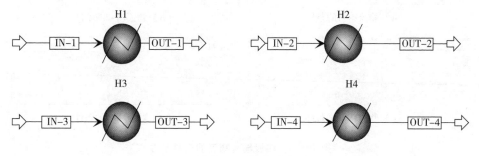

图 10-3　流程图

(1)启动软件,在 Properties 环境下的 Components ID 页面输入组分(见图
10-4)。点击 ![Next],选择物性方法 PENG-ROB(见图 10-5)。

Component ID	Type	Component name	Alias
H2O	Conventional	WATER	H2O
C5H12-1	Conventional	N-PENTANE	C5H12-1
C6H14-1	Conventional	N-HEXANE	C6H14-1
C7H16-1	Conventional	N-HEPTANE	C7H16-1

图 10-4　涉及的组分列表

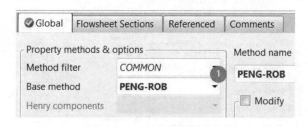

图 10-5　选择的物性方法

(2)点击 ![Next],选择进入 Simulation 环境,选择 Exchangers|Heater 模型以及连
接相应输入输出物流,建立如图 10-3 所示的流程图。

（3）点击 Next 输入四股换热物流的进料条件［见图 10-6(a)～(d)］。

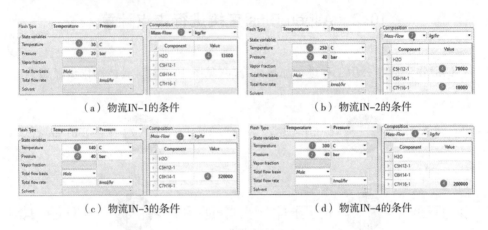

  （a）物流IN-1的条件   （b）物流IN-2的条件

  （c）物流IN-3的条件   （d）物流IN-4的条件

图 10-6 四股输入物流的换热条件

（4）点击 Next，输入四个换热器 Heater 模型的输入参数（见表 10-1）。

表 10-1 四个换热器 Heater 模型的输入参数

模块	类型	出口温度	压降	公用工程
H1	加热	150	0	加热炉
H2	冷却	100	0	冷却水
H3	加热	310	0	加热炉
H4	冷却	200	0	冷却水

（5）点击 Utilities，定义冷、热公用工程参数，如图 10-7(a)和(b)所示。

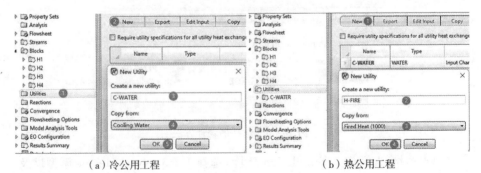

  （a）冷公用工程   （b）热公用工程

图 10-7 定义冷、热公用工程参数

(6)返回模块 H1~H4,点击 Input|Utility,添加冷、热公用工程,即物流被加热选择加热炉(H1 和 H3)、物流被冷却选择冷却水(H2 和 H4)(见图 10-8)。

（a）添加热公用工程（H1和H3）　　　　　（b）添加冷公用工程（H2和H4）

图 10-8　为四个 Heater 模块添加冷、热公用工程

(7)点击运行,显示结果可信。

(8)点击导航窗口左下角 🔥 Energy Analysis 按钮,进入 Energy Analysis 环境(见图 10-9),点击左上角 Analyze 📊 按钮,得到公用工程详细结果(见图 10-10)。

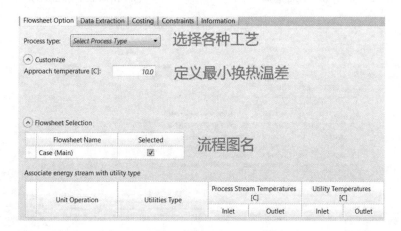

图 10-9　Energy Analysis 设置环境

		Energy			Greenhouse Gases			Energy Cost Savings		ΔTmin [C]	Status
	Current [Gcal/hr]	Target [Gcal/hr]	Saving Potential [Gcal/hr]	Current [kg/hr]	Target [kg/hr]	Reduction Potential [kg/hr]	$/Yr	%			
H-FIRE	51.11	23.44	27.67	1.407E+04	6453	7618	4,316,071	54.14	25.0	
Total Hot Utilities	51.11	23.44	27.67	1.407E+04	6453	7618	4,316,071	54.14		✓
C-WATER	29.71	2.039	27.67	0	0	0	215,296	93.14	5.0	
Total Cold Utilities	29.71	2.039	27.67	0	0	0	215,296	93.14		✓

Heat exchanger details

Heat Exchanger	Status	Type	Hot Inlet Temperature [C]	Hot Outlet Temperature [C]	Cold Inlet Temperature [C]	Cold Outlet Temperature [C]	Recoverable Duty [Gcal/hr]	Base Area [sqm]	Overall Heat Trans. Coeff		Hot Side Fluid	Cold Side Fluid
									Method	Value [kcal/hr-sqm-...]		
H4	✓	Cooler	300.0	200.0	20.0	25.0	18.66	510.8	Default	163.3	IN-4_To_OUT-4	C-WATER
H2	✓	Cooler	250.0	100.0	20.0	25.0	7.365	485.8	Default	163.3	IN-2_To_OUT-2	C-WATER
H1	✓	Heater	1000.0	400.0	30.0	150.0	1.643	34.61	Default	93.3	H-FIRE	IN-1_To_OUT-1
H3	✓	Heater	1000.0	400.0	140.0	310.0	0.0	2027	Default	61.4	H-FIRE	IN-3_To_OUT-3

图 10-10　本例公用工程详细结果

(9)点击 Add Scenario,依次尝试旁边三类改进(Retrofit)方案,即 Modify Exchanger,Relocate Exchangers 和 Add Exchangers。这三类改进方案,如果满足条件,则有计算结果;如果不满足条件,则无解[见图 10-11(a)~(c)]。

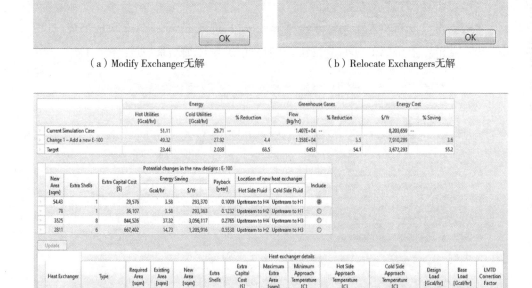

（a）Modify Exchanger无解　　　　　　　（b）Relocate Exchangers无解

（c）Add Exchangers计算结果

图 10-11　三类潜在的设计计算

(10)点击 按钮,点击 YES,启动 Aspen Energy Analyzer 软件,并且把 Aspen Plus 模型的物流数据直接导入夹点软件(见图 10-12)。

在 Aspen Energy Analyzer 夹点软件中,可以看到多个换热方案(Scenario)(见图 10-13)。但这些换热网络并不一定是最佳的换热方案,需要进一步在夹点软件中进行优化。

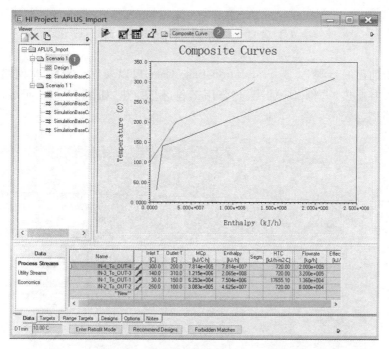

图 10 - 12　Aspen Energy Analyzer 软件中的复合曲线图

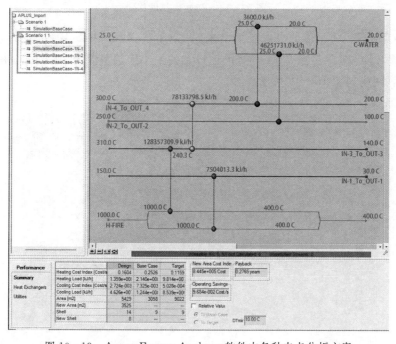

图 10 - 13　Aspen Energy Analyzer 软件中各种夹点分析方案

10.3　手动设计换热网络

根据前面的步骤，点击 Simulation Base Case 可以发现，初始换热网络四股物流彼此没有换热，只和相应的冷、热公用工程进行换热，如图 10 - 14 所示（图中两个实心圆相连表示一个换热器）。

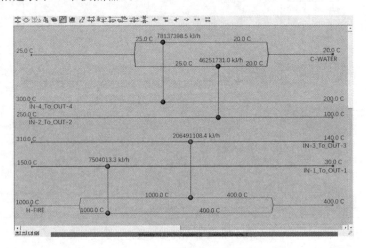

图 10 - 14　初始换热网络

（1）点击 🔛，将相应的夹点显示出来（见图 10 - 15）。由图 10 - 15 可以看出，热夹点是 150 ℃，冷夹点是 140 ℃（前面设置的最小换热温差为 10 ℃）。删除换热器后的热网络如图 10 - 16 所示。

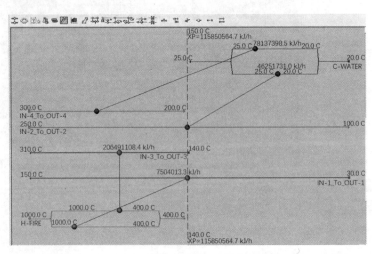

图 10 - 15　显示初始换热网络的夹点

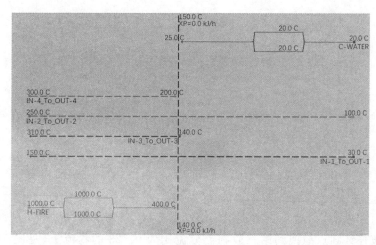

图 10-16　删除换热器后的热网络

经验技巧

● 这里冷、热公用工程有分流，如果想把分流删除，则把鼠标放到分流处，点击右键再选择 Delete Branch。冷、热公用工程分流删除方法相同。

（2）先把第三股工艺物流（冷物流 IN-2 和 OUT-2）分流，点击 ⬡，点右键按住不放拖拽到第三股物流，则变成图 10-17。

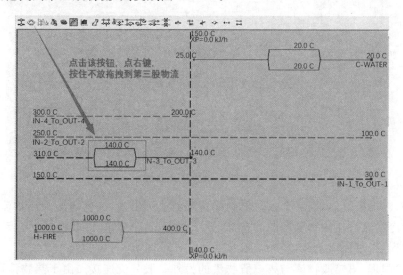

图 10-17　分流工艺物流示例

（3）双击分流部分两个交叉处任一处，弹出如图 10-18 所示的对话窗口，输入分流比 0.723 和 0.277。

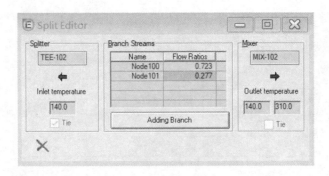

图 10 - 18 输入分流比

(4)右键点击 ⬚，按住不放拖拽到第一股物流（热物流 IN - 1），出现红色的圆点；然后按住红圆点拖拽到第三股物流分流比为 0.723 的物流上（见图 10 - 19）。连接分物流的上面物流后，会自动翻转到下面。

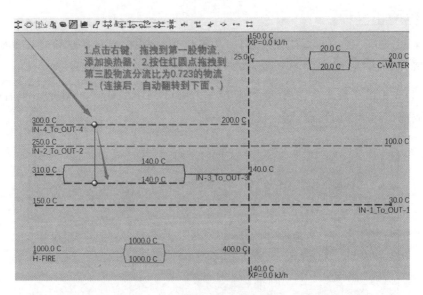

图 10 - 19 添加换热器并连接到另外一股物流

(5)双击换热器，则一个换热器的配置界面显示出来，红色物流为热物流，蓝色物流为冷物流。在热物流的两端选 Tied，冷物流的冷端选 Tied 换热器自动计算，核算无误后，下面显示绿色和 Calculation OK[见图 10 - 20(a)]。

(6)同理，第二股物流与第三股物流的另外一股分流连接。由于热物流冷端出口温度为 100 ℃，小于热夹点温度 150 ℃。因此，设置热物流的冷端温度为热夹点温度 150 ℃，热物流的热端和冷物流的冷端为 Tied[见图 10 - 20(b)]。

(7)第二股物流剩余部分和第四股物流匹配换热器，热物流热端温度输入了夹点温度 150 ℃,选为 Tied,热物流冷端为 127.7 ℃;冷物流热端温度输入冷夹点温度 140 ℃,冷物流冷端温度选为 Tied[见图 10-20(c)]。至此,物流间的换热达到了最大值。然而,此时部分物流出口温度未达到要求,需要公用工程来完成。

(8)将冷公用工程和第二股物流右边虚线部分连接起来,配置换热器也只需要在工艺物流两端勾选 Tied 即可[见图 10-20(d)]。用同样的方法继续添加冷物流和热公用工程的换热器,如图 10-20(e)和(f)所示。

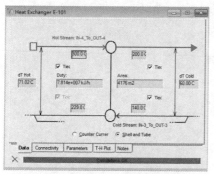

（a）计算热物流1的换热器

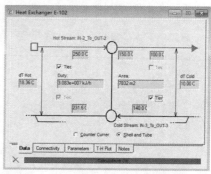

（b）计算热物流2夹点前的换热器

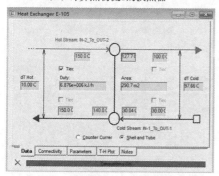

（c）计算冷物流4的换热器

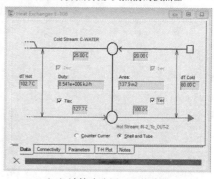

（d）计算冷公用工程换热器

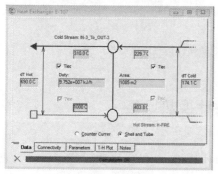

（e）热公用工程换热器1

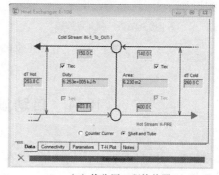

（f）热公用工程换热器2

图 10-20　计算手动设计换热网络的换热器

(9)满足设计要求的换热网络手动设计出来[见图 10-21(a)]。通过查看右上角 ✍,检查本设计换热网络没有穿越夹点[见图 10-21(b)],符合夹点换热原则。通过点击 🏭,可以看出冷、热公用工程和换热器个数都是 Target 目标值的 100%[见图 10-21(c)]。

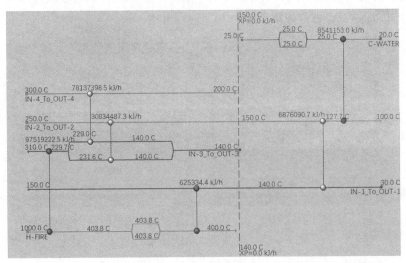

（a）手动设计的换热网络

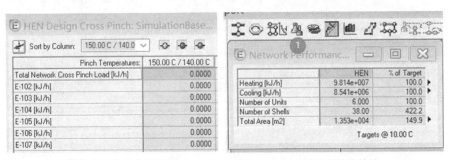

（b）检查是否符合夹点原则 　　　　　（c）查看换热结果

图 10-21　查看并检查手动设计换热网络结果

10.4　自动设计换热网络

系统也可以自动设计换热网络,进入 HI Project,鼠标移动到 Scenario 1,点击右键选择 Recommend Designs,进入自动设计换热网络程序,出现设计选项(见图 10-22)。

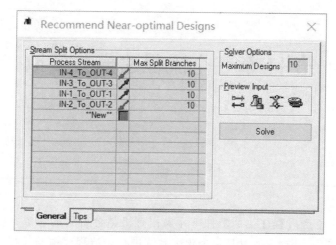

图 10 - 22　进入自动设计换热网络

　　将设计方案最大数调整为 2，按 Solve，则自动设计出三个换热网络（见图 10 - 23）。从下方的结果摘要看，可以看到设计方案超过了 Target 目标值。也就是说自动设计换热网络大多数并不满足夹点要求。

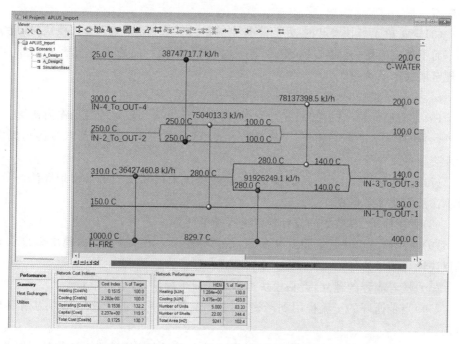

图 10 - 23　自动设计换热网络结果

第 11 章　全流程建模与模拟

11.1　概　述

实际化工生产过程往往是多种单元操作有机整合得到的一个系统,涉及大量的单元模块,为了更有效地对某一个化工系统进行全流程建模与模拟,可以借鉴以下几点经验方法:

(1)将总流程划分为若干个子流程,借助 User Models 下面的 Hierarchy 模块进行分层次、由易到难进行建模与模拟。

(2)根据每个子流程的特点,为其分别选择合理的物性方法,可以与全局物性方法不一样。

(3)定义单元模块参数时,尽量不规定流量。例如,在定义 FSplit 模块时,规定分率而不规定流量;在定义 RadFrac 模块时,规定塔顶产品与进料流量比(D/F)而不规定塔顶产品流量。

(4)模拟子流程时,先只进行物料衡算。

(5)带有循环物流的流程,先断开循环物流,计算得到较好的结果作为初值。

(6)选择合适的断裂物流,一般选择组成相对恒定的物流或变量较少的物流作为断裂物。

(7)计算时先采用系统默认设置,如收敛算法采用默认的韦格斯坦算法,一般此算法能解决多数问题。

(8)采用简单、易收敛的设计规定进行模拟计算。

(9)使用简易模块计算得到初始值,用严格模块替换简易模块,模块参数以简单模块计算结果为初值。

(10)随着流程的建立,严格模块逐步替代简单模块,并进行能量衡算。

(11)当带循环的子流程用到严格模块时,将简单模块的计算结果作为撕裂物流的初值。

(12)如果 Aspen Plus 选定的撕裂物流不合适,则定义新的撕裂物流,同时重新确定收敛模块和收敛顺序。

(13)当所有子流程计算完成后,将其组合为一个完整的流程。此时的流程计算可能需要改变撕裂物流,设计规定也逐步严格直到整个流程收敛。

11.2 全流程收敛技巧和故障诊断

与单元模块的建模过程相比,全流程建模与模拟更不容易收敛,尤其是带有循环物流的化工过程。对于大部分化工过程而言,其迭代收敛主要受两方面的影响:一是循环物流数量,循环物流数量越多,越难收敛;二是循环物流流量与进料流量之比,循环物流流量越大,则流程越难收敛。各单元模块的收敛技巧已在前面的章节详细讲述,下面重点介绍全流程收敛方面的经验与技巧。

11.2.1 计算顺序的收敛技巧

在大多数过程模拟软件中,某一时间只计算(模拟)一个单元(采用序贯模块法),单元和物流计算的先后次序称为计算顺序。计算的顺序是自动按照模拟流程的信息流的顺序进行计算的,而信息流取决于化工过程的规定。通常,过程原料物流的变量是指定的。如果流程中存在循环物流,则需在包含循环物流的流程段,进行迭代计算直到流程计算收敛。在默认状态下,Aspen 总是取撕裂物流数为最小时的计算顺序,最小撕裂物流数时的计算顺序并不一定是最佳的计算顺序。一般而言,可采用以下方法解决计算顺序和收敛问题:

(1)使用由 Aspen Plus 生成的默认计算顺序(不一定是最优)运行模拟。

(2)检查模拟结果,寻找跳过的和未收敛的单元模块。查看控制面板和结果页,如出现表 11 - 1 所列的问题,可参考相应的修改建议。

表 11 - 1 收敛常见问题及修改建议

问题	修改建议
不正确的模块规定	改正这些规定
进料条件不合理	给断裂物流或设计变量提供更好的初值
收敛规定	尝试不同的规定、不同的收敛方法选项,或增大迭代次数
收敛方法选项	改变选项
迭代计算次数少	增大迭代计算次数

(3)考虑调整容差。若出现收敛模块的最大 Err/Tol 快速降低至 10 左右,此后不断波动,则可能需要调节容差。例如,选择 Broyden 或 Newton 收敛方法。

(4)当选用 Wegstein 法收敛缓慢时,可以调整 Wegstein 参数或为断裂物流提供更合理的计算初值。

(5)若断裂物流收敛模块发生振荡,可尝试 Direct 法。若依旧发生振荡,则检查流程。若确定每个组分都有一个出口,此时振荡依然存在,可能是由断裂物流循环回路里的设计规定不收敛引起的;如果振荡停止,可采用步骤(4)描述的技巧加速收敛。

(6)检查未收敛的设计规定,常见设计规定不收敛原因及修改技巧见表 11-2 所列。

表 11-2　常见设计规定不收敛原因及修改技巧

目的	方法
使一个或更多设计规定作为最外面的循环回路	在 Nesting Order|Specifications 页面规定这些循环回路
改变流程的一小部分嵌套顺序	在 Sequence|Specifications 页面规定部分顺序
使用规定的断裂物流	在 Tear|Specifications 页面规定这些物流

(7)若对模拟的工艺过程非常熟悉,可根据表 11-2 中的选项,调整计算顺序。

(8)假如所有收敛模块都收敛,但总质量不平衡,可以检查计算器模块,查找可能存在的错误。

11.2.2　断裂物流的收敛技巧

断裂物流是 Aspen Plus 给出其初始估值的一股物流,并且该估值在迭代过程中逐次更新,直到连续的两个估值在规定的容差范围内。断裂物流与循环物流是相关的,但又与循环物流不一样。要确定由 Aspen Plus 选择的断裂物流,可在 Control Panel(控制面板)中的 Flowsheet Analysis(流程分析)页面查看。用户确定的断裂物流可在 Convergence\|Tear 页面进行规定。为断裂物流提供估计值可以促进或者加快流程收敛(极力推荐,否则缺省值为零)。如果输入了"回路"中的某个物流的信息,Aspen Plus 会自动设法把该物流选为断裂物流。

断裂物流不收敛的主要原因及解决办法见表 11-3 所列。此外,根据实践经验,一般也可以采用以下方法加速断裂物流的收敛问题:

(1)为断裂物流提供合适的初值。

(2)断开循环物流,求得好的初值,并检查所选断裂物流变化的灵敏度。

(3)选择变化幅度较小的出口物流作为断裂物流。

(4)合理简化工艺流程。例如,增加混合器/分流器模块减少断裂物流数。

(5)初始化模拟,设置 Wegstein 加速参数 $q=0$(上下限均设为 0)来尝试收敛模拟,从而检查迭代过程中的组分累积。

表 11-3　断裂物流不收敛的主要原因及解决办法

Err/Tol 与 迭代次数曲线	可能原因	解决方法
稳定收敛		增大收敛方法的最大迭代计算次数
稳定但收敛 速度缓慢	组分累积	保证每个组分至少有一个路径可以离开系统,否则从工程的角度看,这个问题可能是不可行的
	—	考虑增大加速步长,设置 Wegstein 加速参数 q 的下限为较小的负值(例如,-20 或-50)
振荡收敛		1. 对于 Wegstein 法,设置加速参数 q 的上限为 0.5 以抑制振荡 2. 用 Broyden 法代替 Wegstein 法
Err/Tol 降至 一阈值, 不再下降	嵌套循环或模块的收敛容差太松弛(内层循环和相关模块的收敛容差要小于外层循环)	1. 设置一个较小的内层循环和相关模块的收敛容差 2. 增大外层循环的容差 3. 使用 Broyden 或 Newton 法同时收敛内层循环和外层循环
使用 Broyden 或 Newton 法不收敛	—	1. 将 Wait 值增大为 4 2. 如果在收敛模块中规定了断裂物流和设计规定,可以通过规定断裂物流容差(Tear tolerance)或断裂物流容差比(Tear tolerance ratio)先求解断裂物流 3. 换用 Wegstein 法

(6)选择不同的收敛方法进行计算,如选择 Broyden 或 Newton 法代替默认的 Wegstein 法。

(7)参考 11.2.1 检查与优化计算顺序的合理性。

11.2.3　设计规定的收敛技巧

设计规定的函数与目标值对设计规定的收敛具有较大的影响。常见设计规定的收敛技巧见表 11-4 所列。此外,通常可以采取以下措施确保设计规定的收敛:

(1)检查规定的函数是否合理,避免不连续或无意义的情况。

(2)避免设计规定函数相对于采集变量的非线性。

（3）检查设计规定的正确性，确保变量访问和拼写无误，检查程序语句是否存在错误。

（4）检查容差的合理性，避免容差设置得太大或太小。

（5）检查上下限设置是否合理，尽量避免上下限的跨度大于一个数量级，上下限范围可以通过内嵌的 Fortran 语句计算出来。

（6）当与断裂物流无关时，设计规定步长最大化更易收敛。

（7）利用流程分析工具中灵敏度分析验证在操纵变量指定范围内存在可行解。

表 11-4　常见设计规定的收敛技巧

设计规定问题	修改建议
不能到达变量的限制范围之内	接受所得的解或放宽限制范围
对操纵变量不敏感	选择不同的操纵变量来满足设计规定或删除设计规定
在某一范围内对操纵变量不敏感	提供更好的初始值，改善限制范围或使用 Secant 收敛方法的 Bracket 选项
由于设计规定循环嵌套不合适，因此对操纵变量不敏感	必要时更改计算顺序，具体参见步骤(7)

11.2.4　优化模块的收敛技巧

优化模块的收敛受操纵变量初值的影响较大，若提供的初值不当，则有可能只求解得到局部最大值或最小值。此时用户可以通过调整初值，以求找到目标函数其他最大值或最小值。其他收敛策略如下：

（1）尽量使约束线性化。

（2）提供更合理的操纵变量初值。

（3）调整收敛模块相关参数，例如，调整步长、增加迭代次数等。

（4）缩小决策变量的边界或放宽目标函数的容差，以有助于收敛。

（5）借助灵敏度分析工具检查并确保操纵变量对目标函数和约束条件有影响。

（6）避免使用包含不连续性的目标函数和约束，并确保目标函数在决策变量的范围内没有平坦区域。

（7）若误差起初增大随后平稳，说明计算的导数对步长比较敏感，可采取如下措施：①调整步长以提高计算精度，如步长等于内部容差的平方根；②减小优化收敛回路中单元模块和收敛模块的容差，通常优化容差应等于模块容差的平方根；③查看并确保决策变量不在其下限或上限；④在优化收敛回路中单元模块的 Block Options|Simulation Options 页面或 Setup|Calculation Options|Calculations 页面

下,禁用 Use Results from Previous Convergence Pass 选项。

11.2.5　计算器模块的收敛技巧

对于计算器(Calculator)模块收敛的一般策略如下:

(1)检查计算器模块中的 Fortran 语句或 Excel 公式的正确性。

(2)若采用 Import(输入)和 Export(输出)变量确定次序,要确保列出所有变量。

(3)在 Fortran 页面或 Excel 中编写显示变量中间值的语句或宏。

(4)检查以字母 I 到 N 开头的变量是否进行了定义,默认它们是整型变量。

(5)检查计算中使用的变量值,打开 Calculator|Block Options|Diagnostics 页面,将 Calculator defined variables 提高到 5 或 6,该设置可打印访问变量值。

(6)避免迭代循环导致隐藏的质量平衡问题,如果进入 Options|Defaults|Sequencing 页面勾选 Tear Calculator Export Variables(断裂计算器输出变量),则排序算法能够检测计算器断裂变量;如果 Calculator 模块使用 Import(输入)和 Export(输出)变量排序,则排序算法可以收敛断裂变量,然后同时求解出断裂变量和断裂物流。

11.3　全流程建模典型案例分析

本节通过对一些典型的化工过程进行全流程建模与模拟。

11.3.1　带循环的工艺流程

大多数化工流程模拟都存在循环回路,即组分循环(循环质量和能量)或热量循环(仅循环能量),可分为独立循环回路(Independent Loop)、嵌套循环回路(Nested Loop)和交叉循环回路(Interconnected Loop)。

为了加速循环回路流程的收敛,可以采取如下策略:①为循环物流提供合适的初始值;②选择合适的单元计算顺序:在默认状态下,ASPEN 总是取切断物流数为最小时的计算顺序,但最小切断物流数时的计算顺序并不一定是最佳的计算顺序;③增大迭代次数;④选择合适的加速收敛方法,包括直接迭代法(Direct)、韦格斯坦法(Wegstein)、布洛伊顿拟牛顿法(Broyden)和牛顿法(Newton)。其中,直接迭代法的收敛速度较慢,特别是当迭代矩阵的最大特征值接近 1 时;韦格斯坦法具有计算简单、所需存储量少等优点,在化工过程模拟中应用广泛;布洛伊顿拟牛顿法对迭代变量进行修正时,考虑了变量间的交互作用,特别适用于求解变量间存在较强交互作用的情况,并且在接近收敛值时,仍然具有很高的收敛速度;牛顿法收敛速度快,但计算量大。

【例 11.1】 以环己烷作为共沸剂,通过共沸精馏分离乙醇和水,流程图如图 11-1 所示。相关参数如下:

物流 F1:压力为 0.1 MPa,饱和液体,乙醇和水的流量分别为 10 kmol/h 和 225 kmol/h;

物流 F2:压力为 0.1 MPa,饱和液体,环己烷流量为 0.005 kmol/h;

精馏塔 T1:Sep2 模块,进入塔釜组分分率:乙醇、水和环己烷分别为 0.01、0.97 和 0.09;

分相器 T2:Sep 模块,进入 OUT 组分分率:乙醇、水和环己烷分别为 0.98、0.01 和 0.99;

精馏塔 T3:Sep2 模块,进入塔釜组分分率:乙醇、水和环己烷分别为 0.97、0.0001 和 0.0001。塔和分相器的压降可忽略,且只进行物料衡算。试计算精馏塔 T3 塔底物流 W2 中乙醇纯度。物性方法为 NRTL。

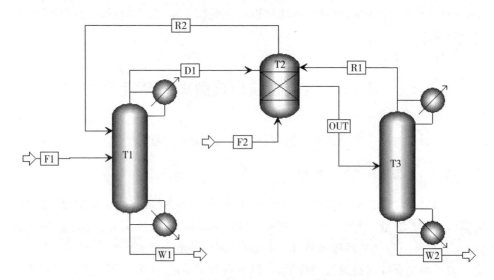

图 11-1 共沸精馏分离乙醇和水流程图

解:

(1)在 Properties 环境下输入组分(C_2H_5OH,H_2O 和环己烷 C_6H_{12}),选择物性方法 NRTL,并查看二元交互参数,本例采用缺省值。

(2)点击 **N**,进入 Simulation 界面,在 Separators 下选用精馏塔 T1:Sep2 模块,分相器 T2:Sep 模块,精馏塔 T3:Sep2 模块,并连接,建立流程图(见图 11-1)。

(3)点击 **N**,定义物流 F1 参数:压力为 0.1 MPa,乙醇、水的流量分别为 10 kmol/h、225 kmol/h,汽化分率为 0。

（4）点击 ，定义物流 F2 参数：压力为 0.1 MPa，环己烷的流量为 0.005 kmol/h，汽化分率为 0。

（5）点击 ，定义精馏塔 T1 参数［见图 11-2(a)］。

（6）点击 ，定义精馏塔 T3 参数［见图 11-2(b)］。

（a）精馏塔T1　　　　　　　　　　　（b）精馏塔T3

图 11-2　输入的两个精馏塔的参数

（7）点击 ，定义分相器 T2 参数（见图 11-3）。

（8）点击 Setup | Calculation Options | Calculations 页面，去掉选项 Perform heat balance calculations（见图 11-4）。

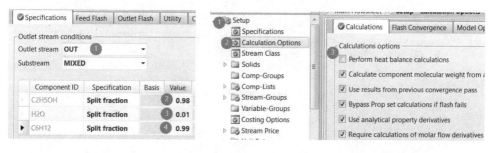

图 11-3　输入的分相器 T2 的参数　　　　图 11-4　去掉热量平衡计算

（9）点击 ，出现 Required Input Complete 对话框，点击 OK，运行模拟。控制面板显示有错误，提示精馏塔 T3 质量不守恒且收敛模块 $OLVERO1 最终没有收敛（见图 11-5）。

（10）根据前面介绍的经验方法，可以修改收敛算法。进入 Convergence | Options | Defaults | Default Methods 页面，将默认的断裂物流收敛算法改为 Newton（牛顿法）进行计算（断裂物流不变）（见图 11-6）。

（11）点击初始化，重新运行模拟，控制面板显示模拟收敛（见图 11-7）。物流 W2 中乙醇的摩尔分数为 99.9735%。

```
    3 vars not converged, Max Err/Tol    0.34670E+03

**   ERROR
     BLOCK T3 IS NOT IN MASS BALANCE:
     MASS INLET FLOW = 0.14638351E+00, MASS OUTLET FLOW = 0.14630087E+00
     RELATIVE DIFFERENCE = 0.56482301E-03
     MAY BE DUE TO A TEAR STREAM OR A STREAM FLOW MAY HAVE BEEN
     CHANGED BY A CALCULATOR, TRANSFER, BALANCE, OR CONVERGENCE BLOCK
     AFTER THE BLOCK HAD BEEN EXECUTED.

**   ERROR
     Convergence block $OLVER01 did not converge
     normally in the final pass


->Simulation calculations completed ...
```

图 11-5　查看控制面板显示的错误

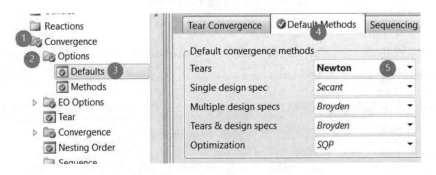

图 11-6　修改收敛算法

	Units	W2
− Mole Flows	kmol/hr	**9.90054**
C2H5OH	kmol/hr	9.89792
H2O	kmol/hr	7.02905e-06
C6H12	kmol/hr	0.00261905
− Mole Fractions		
C2H5OH		0.999735
H2O		7.09966e-07
C6H12		0.000264536

图 11-7　模拟计算结果

11.3.2　煤/生物质制化工品过程

Aspen Plus 软件在处理煤、生物质或类似的固体物质(如焦炭、垃圾等)时,皆按煤进行定义。煤的计算涉及焓值和密度的计算。在 Aspen Plus 里煤首先被定义为非常规组分(Nonconventional)。在添加非常规组分前,需要先添加至少一个常规组分。由于固体实际处理过程较为复杂,本节采用 RGibbs 模型来模拟煤气化过程,主要用于证明 Aspen Plus 软件可适用于固体处理。

【例 11.2】 采集的原料煤数据如下:

工业分析:全水 8.84%,干基固定碳 49.52%,干基挥发分 31.66%,干基灰分 9.98%。元素分析:灰分 10.95%,碳 75.20%,氢 4.35%,氮 0.81%,氯 0%,硫 1.18%,氧 7.51%。硫形态:硫化矿硫 100%,硫酸盐硫 0%,有机硫 0%。进料:煤 1000 kg/h,水 470.6 kg/h,氧气 850 kg/h。其他参数详见后续流程建模。

求:气化炉产物组成。

解:

(1)在 Properties 环境下输入组分(见图 11-8)。

Component ID	Type	Component name	Alias
N2	Conventional	NITROGEN	N2
O2	Conventional	OXYGEN	O2
AR	Conventional	ARGON	AR
H2O	Conventional	WATER	H2O
CO	Conventional	CARBON-MONOXIDE	CO
CO2	Conventional	CARBON-DIOXIDE	CO2
COS	Conventional	CARBONYL-SULFIDE	COS
H3N	Conventional	AMMONIA	H3N
H2S	Conventional	HYDROGEN-SULFIDE	H2S
O2S	Conventional	SULFUR-DIOXIDE	O2S
O3S	Conventional	SULFUR-TRIOXIDE	O3S
H2	Conventional	HYDROGEN	H2
CH4	Conventional	METHANE	CH4
CL2	Conventional	CHLORINE	CL2
HCL	Conventional	HYDROGEN-CHLORIDE	HCL
C	Conventional	CARBON-GRAPHITE	C
S	Conventional	SULFUR	S
COAL	Nonconventional		
ASH	Nonconventional		

图 11-8　煤气化的组分列表

(2)点击 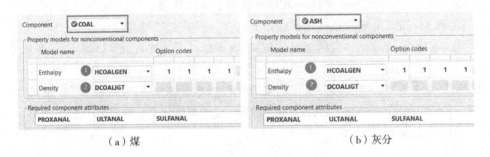 ，选择物性方法：PENG - ROB。在 Methods 的 NC Props 里，需要输入煤的有关数据（见图 11-9）。在焓值计算选项 Enthalpy 行的下拉菜单有 7 个非常规组分焓值计算方法，其中后 4 种方法是针对煤的焓值计算方法，即 HBOIE-R8，HCJ1BOIE，HCOAL - R8 和 HCOALGEN（最常用）。密度则有 5 个选项，即 DCHARIGTDNSTYGEN，DCOALIGT，DNSTYTAB 和 DNSTYUSR，其中第二个 DCOALIGT 是煤密度的计算方法。

（a）煤　　　　　　　　　　　　　　　（b）灰分

图 11-9　定义煤和灰分的物性计算方法

(3)点击 ，进入 Simulation 界面，在 Solids 页面下选择碎石机（Crusher， ）和筛分器（Screen， ）；在 Reactors 页面下选用 RSTOIC 和 RGIBBS 模块；其他模块如图 11-10 所示，并连接相应物流，建立煤气化全流程图。

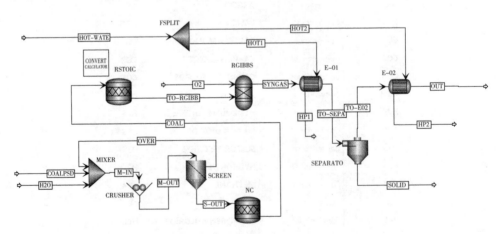

图 11-10　煤气化工艺流程图

(4)进入 Setup|Stream Class|Stream Class，在名为 CONVEN 的 Stream Class 物流类里将带粒径分布的非常规组分（NCPSD）选入子物流（见图 11-11）。

(5)进入 Setup|Stream Class|Streams 页面，将物流 COAL 定义为常规物流

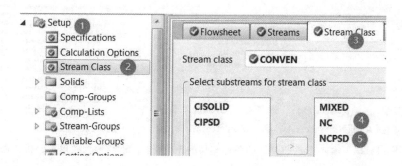

图 11 - 11　添加非常规子物流

类型 CONVEN(见图 11 - 12)。

(6)点击 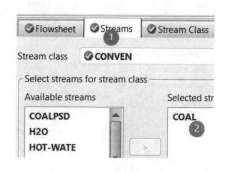,在 NC Solid 界面输入煤的流量、温度、压力和工业分析数据[见图 11 - 13(a)]。点击 Component Attribute 输入煤的元素分析数据[见图 11 - 13(b)]和硫形态分析数据[见图 11 - 13(c)],以及粒径分布 Particle Size Distribution[见图 11 - 13(d)]。

(7)点击 ,输入物流 H_2O、O_2 和 HOT - WATER 的温度、压力、质量流率[见图 11 - 14(a)~(c)]。

图 11 - 12　选择物流类型

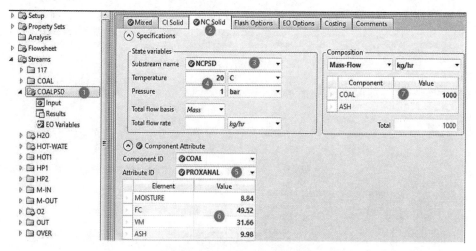

(a)煤的流量、温度、压力和工业分析数据的输入

Component Attribute
Component ID ⊘COAL
Attribute ID ⊘ULTANAL

Element	Value
ASH	10.95
CARBON	75.2
HYDROGEN	4.35
NITROGEN	0.81
CHLORINE	0
SULFUR	1.18
OXYGEN	7.51

Component Attribute
Component ID ⊘COAL
Attribute ID ⊘SULFANAL

Element	Value
PYRITIC	100
SULFATE	0
ORGANIC	0

Interval	Lower limit	Upper limit	Weight fraction	Cumulative weight fraction
1	0	20	0.113236	0.113236
2	20	40	0.042197	0.155433
3	40	60	0.059912	0.215345
4	60	80	0.096829	0.312174
5	80	100	0.145925	0.458099
6	100	120	0.10792	0.566019
7	120	140	0.0523056	0.618325
8	140	160	0.0458657	0.664191
9	160	180	0.0584937	0.722685
10	180	200	0.277315	1

（b）煤的元素分析数据的输入　（c）硫形态分析数据的输入　　　（d）粒径分布数据的输入

图 11-13　输入物流 COAL 的条件和煤的工业分析、元素分析、硫形态分析数据

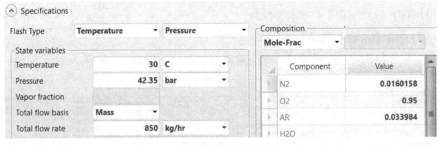

（a）物流H_2O输入参数

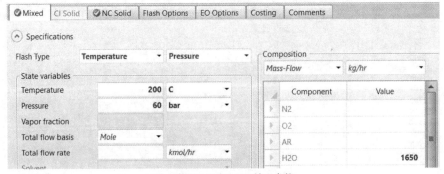

（b）物流O_2输入参数

（c）物流HOT-WATER输入参数

图 11-14　输入物流 STEAM 的条件

(8)输入模块 MILL 和 SCREEN 的相应参数(见图 11-15 和图 11-16)。

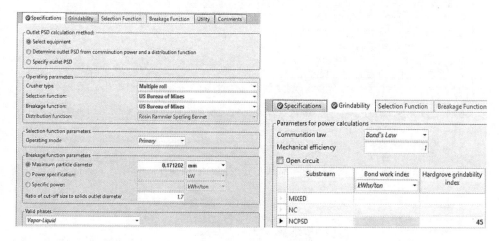

图 11-15 输入模块 MILL 的条件

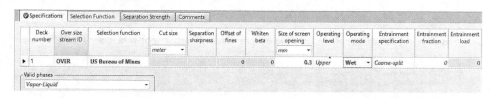

图 11-16 输入模块 SCREEN 的条件

(9)输入模块 NC 的相应参数(见图 11-17)。

图 11-17 输入模块 NC 的条件

(10)输入模块 RSTOIC 的温度和压力分别为 500 ℃ 和 42.53 bar;新建模块 RSTOIC 的化学反应。作为初始值,反应方程式的系数皆假设为 1,后续借助计算器 Calculator 进行计算(见图 11-18)。

(11)进入 Block|RSTOIC|Setup|Component attributes 页面,定义产物中灰分的工业分析和元素分析全为 ASH,硫形态分析全为 0[见图 11-19(a)~(c)]。

(12)进入 Flowsheeting Options|Calculator 页面,新建一个新的 Calculator 用于计算计量反应器 RSTOIC 模块的反应系数进行(见图 11-20)。

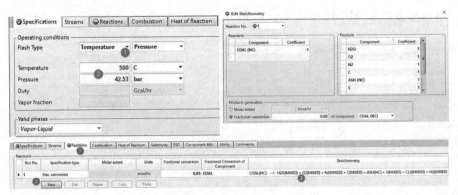

图 11-18 输入模块 RSTOIC 的条件

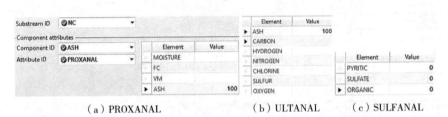

（a）PROXANAL　　　　　（b）ULTANAL　　　（c）SULFANAL

图 11-19 定义模块 RSTOIC 产物灰分的工业分析、元素分析和硫形态分析参数

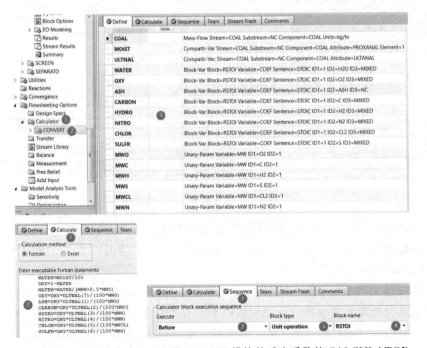

图 11-20 用于计算计量反应器 RSTOIC 模块的反应系数的 CALCULATOR

(13)输入模块 RGIBBS 的温度和压力(见图 11 - 21)。

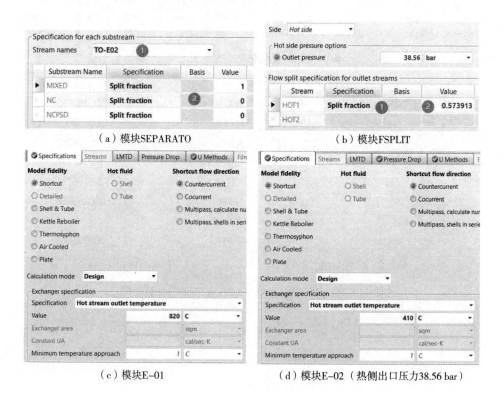

图 11 - 21　输入模块 RGIBBS 的条件

(14)输入其他模块参数(见图 11 - 22)。

（a）模块SEPARATO

（b）模块FSPLIT

（c）模块E-01

（d）模块E-02（热侧出口压力38.56 bar）

图 11 - 22　其他简单模块的条件

(15)点击 ,出现 Required Input Complete 对话框,点击 OK,运行模拟,流程收敛,查看物流结果(见图 11 - 23)。另外,可以得到 RSTOIC 和 CALCULATOR

的计算结果(见图 11 - 24)。

	Units	COAL ▼	COALPSD ▼	O2 ▼	OUT ▼	SYNGAS ▼	TO-E02 ▼	TO-RG ▼	TO-SEPA ▼
Enthalpy Flow	Gcal/hr	-4.5305	-2.73271	-0.001442...	-3.00699	-2.26785	-2.64223	-0.040...	-2.75915
— Mass Flows	kg/hr	**1470.59**	**1000**	**850**	**2175.76**	**2320.59**	**2175.76**	**1470.59**	**2320.59**
N2	kg/hr	0	0	11.8416	18.8194	18.8194	18.8194	7.01469	18.8194
O2	kg/hr	0	0	802.327	8.99603e-...	8.99603e-...	8.99603e-10	65.0374	8.99603e-10
AR	kg/hr	0	0	35.8314	35.8314	35.8314	35.8314	0	35.8314
H2O	kg/hr	470.6	0	0	363.359	363.359	363.359	554.579	363.359
CO	kg/hr	0	0	0	1220.2	1220.2	1220.2	0	1220.2
CO2	kg/hr	0	0	0	467.482	467.482	467.482	0	467.482
COS	kg/hr	0	0	0	1.19531	1.19531	1.19531	0	1.19531
H3N	kg/hr	0	0	0	0.0448327	0.0448327	0.0448327	0	0.0448327
H2S	kg/hr	0	0	0	10.1826	10.1826	10.1826	0	10.1826
O2S	kg/hr	0	0	0	0.00110779	0.00110779	0.00110779	0	0.00110779
O3S	kg/hr	0	0	0	1.20331e-...	1.20331e-...	1.20331e-10	0	1.20331e-10
H2	kg/hr	0	0	0	58.3943	58.3943	58.3943	37.6715	58.3943
CH4	kg/hr	0	0	0	0.255253	0.255253	0.255253	0	0.255253

图 11 - 23　煤气化主要的物流结果

RSTOIC (RStoic) - Results ×	Control Panel ×

Summary	Balance	Phase Equilibrium	R

Outlet temperature	500	C
Outlet pressure	42.35	bar
Heat duty	5221.81	kW
Net heat duty	5221.81	kW
Vapor fraction	0.489898	
1st liquid / Total liquid	1	

WATER	1	0.00490695
OXY	1	0.00213949
ASH	1	0.0998202
CARBON	1	0.0570746
HYDRO	1	0.0196711
NITRO	1	0.000263586
CHLOR	1	0
SULFR	1	0.000335461

(a) 模块RSTOIC　　　　　　　　　(b) 模块CALCULATOR

图 11 - 24　RSTOIC 和 CALCULATOR 的计算结果

第 12 章　化工过程动态模拟简介

化工过程系统是一类状态变量随时间的演进、空间的转移而发生改变的动态过程。随着能源和环境问题对人类生存的挑战日益加剧,人们也越来越关心化工过程系统的运行性能及控制指标,而基于动态模型的控制策略更好地解决了此类问题。相比于稳态模拟,化工过程系统动态模拟可以更加全面、合理地认识一个化工过程在受到干扰或发生波动时,其内部性质随时间会发生什么样的变化。它已成为分析装置运行性能的重要工具之一。

12.1　过程系统动态模拟的主要功能

尽管有时稳态模拟已经能够满足需要,但是化工稳态过程只是相对的、暂时的,实际过程中总是存在各种各样的波动、干扰以及条件的变化。例如,装置的开停车、生产计划变更、原料性质上的差异和意外事故。因此,化工过程的动态变化是必然的、经常发生的。当发生上述种种波动或干扰时,原有的稳态过程和平衡皆被打破,而使系统向着新的平衡发展。此时,人们迫切需要知道如何实现最佳的开停车? 整个系统会产生多大的影响? 产品品质、产量会有多大的波动? 有无发生危险的可能? 可能会导致哪些危害? 危害程度如何? 一旦产生波动或事故,应当如何处理、调整? 最恰当的措施、步骤是什么? 干扰波动持续的时间有多久? 克服干扰、波动到系统恢复正常需要多长时间? 这些问题不是稳态模拟所能解决的,需要化工过程动态模拟这样的工具来强化过程系统性能和实现技术目标等问题,通过研究过程参数随时间变化的规律进一步提高模拟的精度。

目前,动态模拟技术主要功能包括:①代替实验装置对操作给出动态响应;②建立动态仿真系统;③设计先进控制系统;④了解装置承受动态负荷的能力;⑤分析开停车及外部干扰作用下装置的动态性能,为装置及其控制系统设备的改进提供参考数据。此外,动态模拟在实际生产过程中也发挥着重要作用,主要体现在以下两个方面:一是对开停车过程的模拟,可以了解开停车过程中将会产生多少不合格产品,需要多长时间才能完成开停车过程。二是在实际生产中,当进料组成、温度及压力等过程变量发生变化,系统需要一定的时间才能回到正常状态。通过动态模拟,可以了解进料组成、温度及压力等过程变量的变化范围,也可以计算出系统恢复到正常状态需要的时间。

12.2 动态模拟与稳态模拟的对比

稳态模拟是以所有工艺参数不随时间变化为前提,重点解决物料平衡、能量平衡和相平衡。动态模拟引入了时间变量,即系统内部的性质随时间而变,除了解决稳态模拟要解决的上述三大平衡,还要解决压力、温度、液位、各相浓度随时间的变化。它有机地将稳态系统、控制理论、动态化工及热力学模型、动态数据处理结合起来,通过求解巨型常微分方程组进行动态模拟,从而得到所需要的动态特征。

1. 稳态模拟

稳态模拟在物流或单元操作的信息被提供后立即得到处理,计算结果自动地在整个流程中向前和向后传递。该方法同时计算物料、能量和组分平衡,压力、流量、温度和组分设计规定在一定情况下可相互替换。例如,精馏塔塔顶产品的流量设计规定由组分设计规定代替,精馏塔利用任意一种设计规定都可求解。

2. 动态模拟

在动态模拟中,物料、能量和组分平衡不同时计算。物料平衡每个积分步长计算一次,能量和组分平衡默认条件下的计算频率更低。压力和流量在压力-流量模型中同时计算,能量和组分平衡以序贯模块法进行计算。动态模式下输入的信息不会立即得到处理,积分器运行后,新添加单元操作的出口物流才会进行计算。由于压力-流量求解器仅考虑流程中的压力-流量平衡,压力/流量规定与温度、组成规定相互独立。压力/流量规定应当遵循"压力/流量规定数等于流程边界物流数"的原则进行设置,每股边界进料物流需要设置温度和组成规定,下游单元操作和物流通过滞留模型按顺序计算。稳态模拟与动态模拟的主要区别见表 12 - 1 所列。

表 12 - 1 稳态模拟与动态模拟的主要区别

稳态模拟	动态模拟
仅有代数方程	同时有微分方程和代数方程
物料平衡用代数方程描述	物料平衡用微分方程描述
能量平衡用代数方程描述	能量平衡用微分方程描述
无水力学限制	有水力学限制
无控制器	有控制器

12.3 化工过程动态模拟实例

通过下面实例介绍闪蒸罐动态模拟的步骤。

某一闪蒸过程如图 12-1 所示。原料组成：H_2 流量为 10 kmol/h，N_2 流量为 5 kmol/h，CO_2 流量为 5 kmol/h，H_2O 流量为 30 kmol/h，CH_3OH 流量为 50 kmol/h，温度为 80 ℃，压力为 5.0MPa；闪蒸罐 FLASH：压强为 4.5MPa，绝热；阀门 VALVE-1~VALVE-3 的 Pressure drop(压降)分别规定为 0.5 MPa、0.5 MPa、0.05 MPa。泵 PUMP 的出口压力(Discharge pressure)为 6.0 MPa，物性方法采用 PENG-ROB。其中，VALVE-2 和 VALVE-4 的 Valid phase(有效相态)规定为 Vapor-Only，VALVE-5 的 Valid phase 为 Liquid-Only。

具体操作步骤如下。

(1)Aspen Plus 建模与模拟。根据上述参数建立 Aspen Plus 模拟流程图(见图 12-1)。

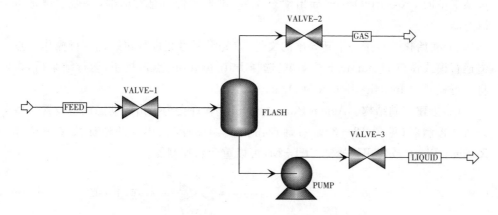

图 12-1 闪蒸罐 Aspen Plus 模拟流程图

(2)访问动态数据输入页面。点击 Dynamic 功能区选项卡中的 Dynamic Mode，将稳态数据输入模式切换为动态数据输入模式，系统显示所需输入已完成，此时运行模拟文件。点击菜单栏 Dynamic 功能区选项卡中的 Pressure Checker，弹出压力检测错误对话框(Error in block FLASH)表明闪蒸罐类型选择不当。

进入 Blocks|FLASH|Dynamic|Vessel 页面，将容器类型由缺省的 Instantancous 改为 Vertical，此时系统显示输入不完全，需要指定容器结构尺寸，规定流体占设备体积 50% 时停留时间为 5min。根据物流 LIQUID 的体积流量(2.8399 m^3/h)，计算

得到闪蒸罐的体积为 $2.8399 \div 60 \times 5 \times 2 = 0.47 (m^3)$。假设闪蒸罐的高度是直径的 2 倍,可计算得到 FLASH 直径为 0.67 m,长度为 1.34 m,将其输入对应文本框(见图 12-2)。点击运行,提示所有输入已完成,点击 OK 运行。

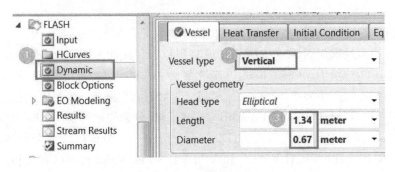

图 12-2　设计容器的结构尺寸

点击 Dynamic 功能区选项卡中的 Pressure Checker,弹出对话框 The flowsheet is configured to be fully pressure driven,表示压力检测无误。点击 Dynamic 功能区选项卡中的 Pressure Driven 导出动态模型,出现警告信息对话框,该提示信息可以忽略。

(3)初始化。对于一个新导出的文件,首先需要对其进行初始化运行操作。点击运行模式窗口 Dynamic 下拉菜单,选择 Initialization,点击按钮,运行结束后,再将运行模式由 Initialization 改为 Dynamic。

(4)搭建控制结构。Aspen Plus Dynamics 软件会为导出的动态模型设置一些缺省的控制器(见图 12-3)。右键点击控制器图标,在出现的快捷菜单中选择 Rename Block 或使用快捷键 Ctrl+M,可以重命名控制器。

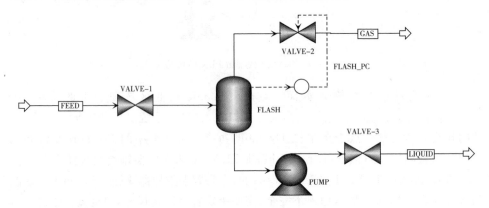

图 12-3　缺省控制器

设置进料流量控制器:在模块选项板 Controls 中点击 PIDIncr 图标,移动鼠标至窗口空白适当位置,待光标显示十字形后点击空白处,则在流程中放置了 PIDIncr 控制器,将其重命名为 FC(见图 12 - 4)。

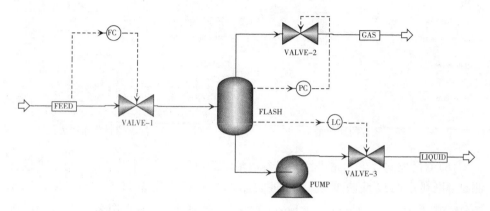

图 12 - 4　进料流量控制器

连接控制信号:点击模块选项板 Material Stream 右侧的下拉箭头,选择 Control Signal 图标,将鼠标移至窗口空白处,光标变为十字形。此时在单元模块和连接物流上会出现许多蓝色箭头,表示可以连接控制信号的位置。将十字光标放置在物流 FEED 指向外的蓝色箭头上,点击并在弹出的窗口中选择 STREAMS ("FEED"). F(该选项表示物流的摩尔流量),点击 OK 按钮,将控制信号连接至进料物流。将信号另一端连接到流量控制器 FC。点击控制器左边的蓝色箭头,选择其中的 FC. PV(表示输入信号为工艺测量值),点击 OK 按钮,完成输入物流与流量控制器的信号连接。同理,可以建立液位控制回路。

(5)整定控制器参数。控制回路建立完成后需要整定控制器参数。双击流量控制器 FC 图标,出现其控制面板。利用控制器面板用户能够追踪动态模拟进程,设置控制器参数。首先,点击 Configure 按钮,图标为 📄。然后,点击窗口下方的 Initialize Values 按钮,得到进料量设定值 100 kmol/h,控制阀开度 50%。图 12 - 5 显示该控制器缺省的 Gain(比例增益)为 1,Integral time(积分时间)为 20 min。将其改为常规流量控制器的调谐参数(比例增益为 0.5,积分时间为 0.3 min)。由于在流量增大时阀门开度应当减小,因此需要将控制器由缺省的 Direct 改为 Reverse(见图 12 - 6)。

采用相同的方法对其他控制器的调谐参数和作用方向进行设置。压力控制器 PC 中缺省的比例增益为 20,积分时间为 12 min,此处不进行调整。通常液位控制器仅需要比例控制,因此将液位控制器 LC 的比例增益设置为 2,积分时间设置为 9999 min。当液位升高时,应当增加液相采出管线的阀门开度,因此液位控制器

LC 的作用方向采用缺省的正作用。

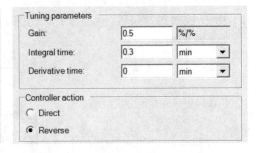

图 12-5　缺省的比例增益　　　　　图 12-6　修改控制器作用方向

　　(6)测试控制效果。完成控制器参数整定后,可以对控制结构的控制效果进行测试,并利用图线反映变量随时间的动态响应。点击窗口上方的 New form，出现 New Flowsheet Form 对话框,选择 Plot,输入图名。点击 OK 按钮,生成一个图表窗口。右键点击物流 FEED,从快捷菜单中选择 Forms|Results,打开表格,选中 F(总摩尔流量)并拖拽至图表窗口。对 GAS 和 LIQUID 两股物流流量采取同样的操作,得到如图 12-7 所示的图表窗口。

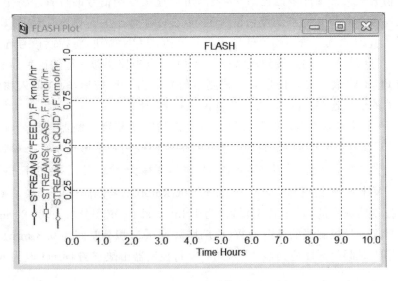

图 12-7　设置后的图表窗口示意图

　　点击菜单栏 Run|Pause At…弹出 Pause Time 对话框,在弹出的 Pause Time 对话框中选择 Pause at time,输入运行中止时间为 1 h(见图 12-8),点击 OK 按钮,运行模拟,软件运行 1 h 后中止。此时,将进料流量控制器面板中的设定值由

100 kmol/h 改为 120 kmol/h(见图 12-9)。将运行中止时间改为 5 h,点击运行按钮,软件在 5 h 处中止。

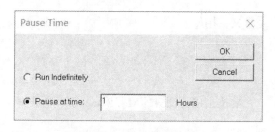

图 12-8　设置暂停时间

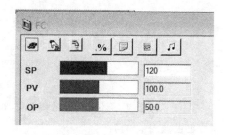

图 12-9　修改进料控制面板参数

将进料流量控制器面板中的设定值改回 100 kmol/h,将运行中止时间改为8 h,点击运行按钮,最终得到待测变量的响应曲线(见图 12-10)。可以观察到各气液相产品流量与进料量变化成正相关。

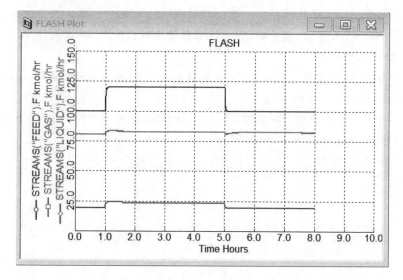

图 12-10　修改终止时间为 8 h 的运行结果图

参 考 文 献

[1] 孙兰义. 化工流程模拟实训——Aspen Plus 教程[M]. 2 版. 北京:化学工业出版社,2017.

[2] 王帅,韩凯,何畅. 化工系统工程[M]. 北京:化学工业出版社,2018.

[3] 熊杰明,李江保. 化工流程模拟 Aspen Plus 实例教程[M]. 2 版. 北京:化学工业出版社,2016.

[4] 屈一新. 化工过程数值模拟及软件[M]. 2 版. 北京:化学工业出版社,2011.

[5] 邱彤. 化工过程模拟——理论与实践[M]. 北京:化学工业出版社,2021.

[6] 孙兰义,王志刚,谢崇亮,等. 过程模拟实训——PRO/Ⅱ教程[M]. 北京:中国石化出版社,2017.

[7] 高晓新,汤吉海. 化工过程分析与合成——基于 ASPEN PLUS 的应用[M]. 北京:中国石化出版社,2021.

[8] 孙兰义,张骏驰,石宝明,等. 过程模拟实训——Aspen HYSYS 教程[M]. 北京:中国石化出版社,2015.

[9] 陆恩锡,张慧娟. 化工过程模拟——原理与应用[M]. 北京:化学工业出版社,2011.